格式的基本处理　　★☆☆☆☆

将倾斜的照片进行校正处理　　★★☆☆☆

好用的修补工具　　★★☆☆☆

U0353245

绘制柠檬无缝背景　　★★☆☆☆

的综合修饰　　★★☆☆☆

简单处理白平衡　　★★☆☆☆

替换颜色的方法 　　★★☆☆☆

区域调色的方法 　　★★☆☆

色阶的调色方法 　　★★☆☆☆

曲线的调色方法 　　★★★

色相、饱和度及综合调色 　　★★★☆

强制校色的方法 　　★★★

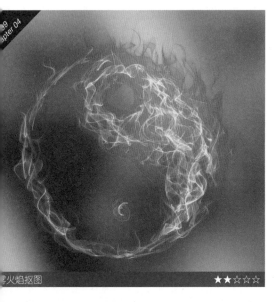

焰火焰抠图 ★★☆☆☆

透明物体抠图 ★★★☆☆

明抠图 ★★★☆☆

复杂背景抠图 ★★★☆☆

丝抠图 ★★★☆☆

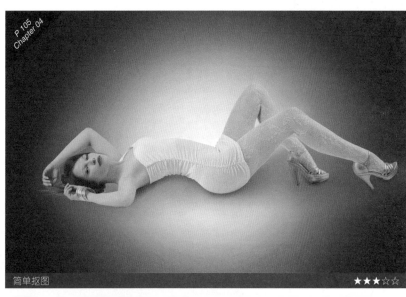

简单抠图 ★★★☆☆

对图像进行简单合成处理 ★★★☆☆

美丽精灵 ★★★★

暴风雨来袭 ★★★★☆

幽暗城堡 ★★★★

奇幻未来世界 ★★★★

山湖面 ★★★☆☆

给照片上色 ★★★☆☆

方风景大片 ★★★★☆

给平淡的照片增添光彩 ★★★☆☆

暖的逆光冬日风景 ★★★☆☆

P 196
Chapter 06

强调风景的色彩　★★★★

P 218
Chapter 07

人像照片的瑕疵处理　★★☆☆☆

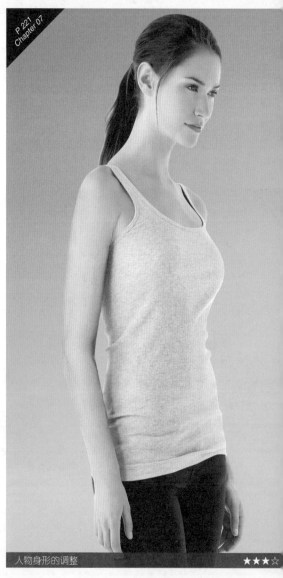

P 221
Chapter 07

人物身形的调整　★★★☆

P 224
Chapter 07

人像的精细处理　★★★☆

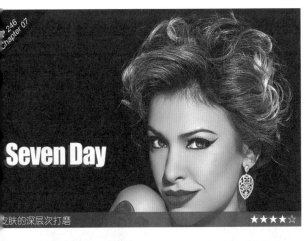

Seven Day

皮肤的深层次打磨　　　★★★★☆

对人像及背景进行整体调整　　　★★★☆☆

人像的光影塑造　　　★★★☆☆

男士照片精修　　　★★★★☆

冲击力强的室内空间塑造　　　★★★☆☆

高低频综合修图　　　　★★★★☆

拉开空间层次　　　　★★★★★

模仿特殊色调　　　　★★★★☆

双曲线修图　　　　★★★★★

Photoshop CC

数码照片处理从入门到精通

房艳玲　丁　娜　牟春丽　主　编

韩春红　李庆梅　副主编

第2版

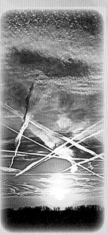

机械工业出版社

CHINA MACHINE PRESS

本书以实用为宗旨，用实例引导读者进行学习，深入浅出地讲解了使用 Photoshop CC 处理图片的各项技术及实战技能。本书精选了作者近年来亲自拍摄的几十幅数码照片，采用 Photoshop 最常用的操作技术，经过精细的后期处理制作成精美的摄影作品，并详细展示了操作思路、操作技法和操作过程。广大数码后期处理爱好者通过学习本书可以使自己的数码照片处理水平有很大的提高。

图书在版编目（CIP）数据

Photoshop CC数码照片处理从入门到精通／房艳玲，丁娜，牟春丽主编.
—2版. —北京：机械工业出版社，2015.3（2016.5 重印）
ISBN 978-7-111-49737-0

Ⅰ．①P… Ⅱ．①房… ②丁… ③牟… Ⅲ．①图象处理软件
Ⅳ．①TP391.41

中国版本图书馆CIP数据核字（2015）第057761号

机械工业出版社（北京市百万庄大街22号　邮政编码100037）
责任编辑：丁　伦　责任校对：张艳霞
责任印制：李　洋

北京汇林印务有限公司

2016 年 5 月第 2 版·第 2 次印刷
185mm×260mm · 21 印张 · 548 千字
3001 — 4500 册
标准书号：ISBN 978-7-111-49737-0
　　　　　ISBN 978-7-89405-763-1（光盘）
定价：79.90 元（附赠1DVD，含教学视频）

凡购本书，如有缺页、倒页、脱页，由本社发行部调换

电话服务	网络服务
服务咨询热线：（010）88361066	机工官网：www.cmpbook.com
读者购书热线：（010）68326294	机工官博：weibo.com/cmp1952
（010）88379203	教育服务网：www.cmpedu.com
封面无防伪标均为盗版	金书网：www.golden-book.com

前言

软件介绍

Adobe 公司推出的 Photoshop 软件是当前功能最强大、使用最广泛的图形图像处理软件，它以领先的数字艺术理念、可扩展的开发性及强大的兼容能力广泛应用于计算机美术设计、数码摄影和出版印刷等诸多领域。Photoshop CC 通过更直观的用户体验、更大的编辑自由度以及大幅提高的工作效率使用户能更轻松地发挥其无与伦比的强大功能。

内容导读

本书由国内爱好摄影的平面设计专家精心编著，是一本讲述 Photoshop CC 对于数码照片处理的各项重要功能及其应用的专业技术图书。全书以数码照片为主，带领读者进入奇妙的修图世界，本书图文并茂地将各个知识点进行剖析，全面介绍了软件的技法和更多相关的设计知识，丰富的内容和精致的案例将 Photoshop CC 独具的艺术创造魅力展现得淋漓尽致。

其他资源

除了一本印刷精美的全彩图书，本书还为读者配备了超值的随书光盘。

超长视频教学：赠送与本书内容一体化的高清晰视频教学录像，涵盖的知识面非常广，包含了对婚纱照片的色彩调整、缺陷修复、艺术合成和照片特效等多个实际的应用领域。

读者对象

本书面向广大 Photoshop CC 的初、中级用户，特别是摄影爱好者，书中阐述了大量的数码照片常见问题的处理技能和方法，本书将是读者掌握这个强大的图像处理软件的最佳选择。书中还包含 Photoshop 初学者必须掌握的知识和技能，能够让读者轻松地理解和熟悉这个软件的方方面面，并能不断提升自身对设计的领悟和创新能力。

本书由多位数码摄影美工师、设计师及一线教师、培训师联合编写而成。其中，大庆职业学院房艳玲、丁娜、牟春丽担任主编，韩春红、李庆梅担任副主编。房艳玲负责编写了第 4 章、第 7 章，共计 16.9 万字；丁娜负责编写了第 1 章、第 2 章，共计 10.4 万字；牟春丽老师负责编写了第 5 章以及第 8 章的 8.1～8.8 节，共计 10.7 万字；韩春红负责编写了第 3 章、以及第 8 章的 8.9～8.12 节，共计 8.1 万字；李庆梅负责编写了第 6 章，共计 7 万字。参与本书编写和案例测试工作的人员还包括田龙过、钱政华、王育新、贺海峰、杜娟、谢青、吴淑莹、杨晓杰、李靖华、蒋芳、郝红杰、田晓鹏、郑东、侯婷、吴义娟、冯涛、张龙、苏雨、倪茜、师立德、袁碧悦、张毅、刘晖等。由于时间仓促，作者水平有限，书中难免出现不足和疏漏之处，欢迎广大读者朋友批评指正。

Photoshop CC
数码照片处理从入门到精通
目录 /Contents

52
2.4 非常好用
的修补工具

59
2.7 绘制柠檬无缝背景

62
2.8 图像的综合修饰

Chapter 02
数码照片处理的基本操作

Chapter 04
数码照片抠图

Chapter 03
数码照片调色处理

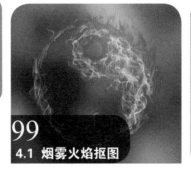

147
5.4 美丽精灵

Chapter 05
数码照片合成

202
6.8 模仿风景大片

Chapter 06
风景数码照片处理

129
5.2 暴风雨来袭

171
6.1 拼接全景照片

Chapter 07
人像数码照片处理

287
7.16 双曲线修图

Chapter 08
电商及网页数码照片处理

Seven Day

246

.9 皮肤的深层次打磨

Chapter
01

数码照片处理概述

　　本章介绍专业数码照片处
的基本概念以及在调整图像时
该掌握的几种方式，使读者能
正确地调整图像颜色，以免将
必要调色的部分错误调整。也
是说，当我们在实际操作打开
像对其进行调色时，首先应该
析图像存在的瑕疵，然后才可
使用不同的命令去调整图像色彩

1.1　数码照片处理简介

数码相机的影像可直接输入计算机，处理后打印输出或直接制作成品图片，方便、快捷。传统相机的影像必须在暗房里冲洗，要想进行处理还需通过扫描仪扫描进计算机，而扫描后得到的图像的质量必然会受到扫描仪精度的影响，这样即使它的原样质量很高，经过扫描以后得到的图像也差得远了。数码相机可以将自然界的一切瞬间轻而易举地拍摄为供计算机直接处理的数码影像，如果接 VIDEO out 端还可在电视上显示。

与传统相机相比，数码相机也有它的不足之处。传统相机的氯化银胶片可以捕捉连续的色调和色彩，而数码相机的 CCD 元件在较暗或较亮的光线下会丢失部分细节，更重要的是，数码相机的 CCD 元件所采集图像的像素远远小于传统相机所拍摄图像的像素。在现阶段，数码相机拍摄的照片不论在影像的清晰度、质感、层次、色彩的饱和度等方面都无法与传统相机拍摄的照片相媲美，但数码相机发展迅速，研发的空间也很大，相信不出几年将会有较大的发展。

数码照片处理技术就是对扫描到计算机中的照片和数码相机拍摄的数码照片通过图像处理软件进行修复和润饰的技术。

本书使用 Photoshop 来处理图像，以达到我们想要的完美效果。

Photoshop 是 Adobe 公司推出的应用最为广泛的专业图像处理软件，在平面设计、网页设计及建筑装修设计等领域均为必备软件之一。 Photoshop 实际上也是数码照片后期处理最基础的工具软件之一，因此安装 Photoshop 中文版作为数码照片后期处理工具是非常必要的。目前，常用的中文版 Photoshop 有：Photoshop CC、Photoshop CS6、Photoshop CS5、Photoshop CS4 等版本，在本书中我们来学习使用 Photoshop CC 对数码照片进行处理 01 　02 。

01　　　　02

1.2　数码照片处理的构图原则

数码照片的处理随着计算机技术的高速发展已经被广泛应用于文化艺术、通信、工业等多个领域。

平面设计是数码照片应用的最大领域，我们走在大街上，随处都能看到数码照片的身影。使用图像处理软件可以让我们拍摄的照片变得更加完美。由于数码照片比较清晰，既有可看性和真实性又容易被处理，所以在制作封面、网页等产品时数码照片成为必不可少的元素之一。通过对效果图的后期处理、人物和配景的添加、色彩的调整和灯光的效果处理，会使图像显得更加真实，从而虚拟仿真。在一些三维软件中，通常使用高画质的数码照片和作为贴图，这样不仅省去了画贴图的麻烦，还使模型达到了真实的效果。

摄影与绘画是相近的，尤其在构图原则上都遵循平衡、协调、稳健、均衡、合理等法则。符合这些基本法则的图片能给人一种大方、舒展的感觉，反之则让人感觉到别扭、局促。

构图的基本原则之一——黄金分割法01

构图的基本原则之二——确立结构中心02

可以这么说，黄金分割法只适用于单个的拍摄对象，假如我们拍摄的是一组群像，比如薰衣草花海、风光建筑、风土人情等，黄金分割法就不适用了，这时我们就得考虑如何将照片的视觉结构置于画面的中心位置。

构图的基本原则之三——均衡与呼应 03

　　静物、人像、风光，无论是哪种摄影构图其实都涉及一个均衡与呼应的问题，符合这两点要求，画面给人的感觉是稳定、合理的。下面就这两个问题探讨一下。

　　均衡是"均等、平衡"之意。两者都是就画面元素的比例关系而言的，在构图上，有时两个意思是相通的。摄影上的均衡是人们对一幅摄影作品整体上的稳定、匀称、流畅的感觉，也是人们欣赏艺术作品时的一种心理要求，这种形式感觉和心理要求是人们在长期的生活中形成的。

　　前面已经强调，均衡与呼应在某种意义上是一样的。从内容的相互关系上讲，均衡就是响应；从结构关系上讲，呼应则是为了均衡。

构图的基本原则之四——对比 04

　　摄影是视觉艺术，一般都格外强调视觉的冲击力，能够产生巨大的视觉冲击的莫过于使用对比的手法，巧妙运用，会产生强烈的震撼力，从而打动观众。

　　对比为色的对比，如黑与白、亮与暗、原色与补色、大与小、长与短、水平与竖直、虚与实、正与侧等。

构图的基本原则之五——让背景简单化 05 06

　　背景的简单化可以使人们的目光更加集中到人物身上，简单化才是摄影的真正追求。

　　看完了之前好的构图之后，我们就可以使用 Photoshop 对构图不好的照片进行处理，使数码照片变得更加完美。

1.3　颜色与光线

颜色与光线密不可分，如果没有光线，摄影与视觉也就不复存在。摄影是光的艺术，光线是产生颜色的原因，也是唤起人们色彩感的关键。

1.3.1　可见光

在物理学上，光属于一定波长范围内的一种电磁辐射。可见光是电磁波谱中人眼可以感知的部分，可见光谱没有精确的范围；人的眼睛一般可以感知的电磁波的波长在 380 到 780 纳米之间，此范围之内的光为可见光。波长不同的电磁波引起的人眼的颜色感觉不同。对于波长在 780 纳米的光线，人的感觉是红色；而 380 纳米的光线，人的感觉是紫色；580 纳米是黄色；610 ～ 590 纳米是橙色；570 ～ 500 纳米是绿色；500 ～ 450 纳米是蓝色；波长大于 780 纳米时是红外线，小于 380 纳米时是紫外线[01]。

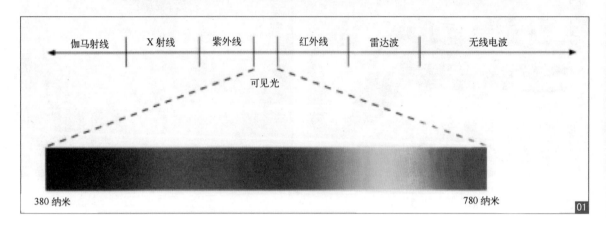

1.3.2　光谱色

我们生活在一个五彩缤纷的彩色世界里，蓝色的天空、绿色的草地、黄色的土地……这些都是光线照射的结果，五颜六色的自然景物到了晚上失去光线的照明将陷入一片黑暗之中。由此可以得出结论：无光则无色，离开光的作用，色彩不能单独存在。

色彩是一种光的现象，物体的色彩是光照结果。我们平时所见到的阳光被称为白光，白光是由七色光混合而成的。这是 17 世纪英国伟大的物理学家牛顿的发现，他将一束白光从细缝引入暗室，当太阳光通过三棱镜折射到白色屏幕上时便会分解成红、橙、黄、绿、青、蓝、紫七色光，这 7 种色光叫光谱色，是自然界中最饱和的色光，由这七色光组成的彩带称为光谱。其中，白色光最强，蓝色光最弱。生活中表现最直接的光谱的例子就是彩虹，彩虹是光通过小水滴后形成的色散现象[02]。

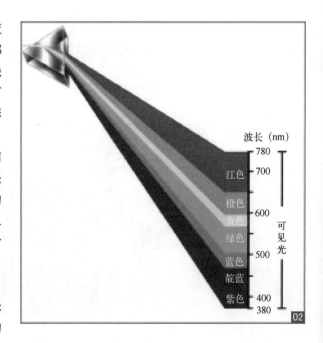

1.3.3 色温

了解色温

　　太阳只有一个，然而在不同的天气，由太阳这个光源所表现出的色彩却各不相同。例如，晴天中的朝阳偏红，阴天的光偏蓝，由此可见，当温度发生变化时，光的颜色也会随之改变。

　　19 世纪末由英国物理学家洛德·开尔文制定出一套用于计算光线成分的方法，即色温计算法，而其具体确定的标准是基于一黑体辐射器所发出来的波长。当光源的辐射在可见区和绝对黑体的辐射完全相同时，黑体的温度就称为此光源的色温。低色温光源的特征是能量分布中红辐射相对来说要多一些，通常称为"暖光"；色温提高后，在能量分布中，蓝辐射的比例增加，通常称为"冷光" 03。

最佳拍摄时间段

　　在早晨日出后和傍晚日落前，太阳的温度较低，天空中的光线不刺眼，场景中的色彩偏向红色或橘红色，阳光温度宜人，很多摄影师把这段短暂的时间称为"美妙时刻"，大多数杂志摄影都是在这段时间拍摄的。因为此时的光线能够自然地把各个特殊的投影平面分开，突出画面中的重要细节，从而使拍摄出的画面栩栩如生。到了中午，随着太阳的升高，色温也会慢慢上升，场景色调偏蓝，光线也会变得强烈起来，这时候拍出的物体会有细长的影子，往往可以创造出戏剧性的效果。

1.3.4 白平衡

相机的白平衡设置

　　当人们看到白色时，由于在有色光的照射下白色呈现出有色光的颜色，此时人们仍认为它是白色的，因为人们的眼睛可以自动纠正颜色。但是相机不同，如果相机的色彩调整同景物的照明色温不一致就会发生偏色。因此，数码相机提供白平衡功能，通过调整相机内部的色彩电路修正外部光线造成的偏差，使照片表现出正确的色彩。下面欣赏几张在不同拍摄环境中使用了白平衡的美图 04 05。

　　冷色调给人寒冷的感觉，拍摄雪景照片时应采取机内色温略于现场光色温的做法，使冰雪呈现蓝色，加强寒冷的视觉印象，更有身临其境之感。

　　暖色调给人温馨舒适的感觉，拍摄室内环境时要根据室内光线的情况选择机内色温略高于现场光色温的做法，使室内环境偏向暖色调。

下面的表格列出了在相同环境和条件下只改变白平衡设置拍摄出来的效果06。

AWB自动	☀日光	☁阴天	⛅阴影	☀白炽灯	▥荧光灯	⚡闪光灯
可对所有光源的特有颜色进行自动补偿。如果拍摄的对象不是特殊的对象，通常情况下使用的都是自动模式	日光是用于室外拍摄用途比较广泛的白平衡，在晴天的中午，在室外阳光直射的情况下使用该模式，色温约为 5 200k	在多云、阴天的天气下拍摄时使用的模式，色温约为 6 000k	在晴天室外日光的阴影下拍摄使用的模式，色温约为 7 000k。若是在晴天的日光下使用该模式拍摄，色调会略微偏红	在室内灯泡照明的环境中使用该模式，可抑制白炽灯光线偏红的特性，色温约为 3 200k	在白色荧光灯环境中使用该模式，可抑制白色荧光灯光线偏绿的特性，色温约为 4 000k	在以闪光灯为主光源或需要为主体补光的情况下使用，可以对偏蓝色的闪光灯光线进行补偿，色温约为 6 000k

06

后期调整白平衡

后期调整白平衡最直接、最有效的方法是使用 Camera Raw，因为它针对白平衡设置了一个专用的选项可供调节，而使用"色彩平衡""曲线"等命令进行调节时需要我们了解色彩与通道的关系、色彩之间的互补等知识，这样没有使用 Camera Raw 那么直观。

Camera Raw 是作为一个增效工具随 Photoshop 一起提供的，在安装 Photoshop 时会自动安装 Camera Raw，因此要使用 Camera Raw，需先启动 Photoshop。

Camera Raw 可以处理 Raw、JPEG、TIFF 等文件格式，但这几种文件格式的打开方式有些不同。如果要处理 Raw 格式的照片，在 Photoshop 中执行"文件 > 打开"命令，选择需要打开的素材文件，就可以启动 Camera Raw 并打开素材照片。如果要处理 JPEG 或其他格式的照片，则需要执行"文件 > 打开为"命令，在弹出的对话框中选择照片，并在"打开为"下拉列表中选择 Camera Raw 格式，单击"打开"按钮，照片将以 Raw 格式打开07。

下图照片是在自动白平衡模式下拍摄出来的照片，照片格式为 JPEG，我们在 Camera Raw 中打开该照片可以随意调节色温参数，从而进一步调整白平衡08。

07

08

调整色温往往会得到意想不到的效果，比如提高色温，可以使画面中的人物和环境呈现偏红的暖色调；降低色温，则会使整个画面呈现偏蓝的冷色调09　10。

白平衡选项中包含两个选项，即色温和色调。如果拍摄照片时光线的色温较高，即色调发蓝，可提高色温值，将照片变暖，以补偿周围光线的高色温；相反，如果拍摄时光线的色温较低，即色调发黄，可降低色温值，使图片色调偏蓝，以补偿周围光线的低色温。

色调选项用于补偿绿色和洋红色，降低色调值会在图片中增加绿色；增加色调值会在图片中增加洋红色。

1.3.5　色偏

了解色偏

照片中精确的色彩是被拍摄物体上的色温与影像传感器之间的匹配结果，如果没有这样的匹配，照片会变成较冷的蓝色调或较暖的红色调，这样的照片就会出现色偏11，需要进行后期处理12。造成色偏的原因很多，比如照相机的白平衡设置错误、室内的人工照明对拍摄对象有影响等。然而出现色偏的照片并不完全需要报废，相反有些照片还可以增强视觉效果，为照片打造出特殊的色调，这样的偏色照片就不用处理13。

出现色偏的照片　　　　　　修饰色偏后　　　　　　不需要修饰的色偏照片

1.4　颜色的属性

色彩的应用很早就有了，但是色彩的科学直到牛顿发现太阳光通过三棱镜发生分解而有了光谱之后才迈入新纪元，在 16 ～ 17 世纪出现了很多光线与色彩的研究，直到 20 世纪美国 Munsell 色卡的发明，才为色彩的研究打下了基础。

1.4.1　色彩的分类

在千变万化的色彩世界中，人们视觉感受到的色彩非常丰富，现代色彩学按照全面、系统的观点将色彩分为有彩色和无彩色两大类。有彩色是指红、橙、黄、绿、蓝、紫这 6 个基本色相以及由它们混合所得到的所有色彩；无彩色是指黑色、白色和各种纯度的灰色。从物理学的角度来看，它们不包括在可见光谱中，故不能称之为色彩；但是从视觉生理学和心理学上来说，它们具有完整的色彩性，应该包括在色彩体系之中 01 02 。

有彩色　　　　　　　　　　　　　　　　　　　　　　　　无彩色

1.4.2　色相

色彩的色相是色彩的最大特征，是指能够比较确切地表示某种颜色色别的名称，如红色、黄色、蓝色等，色彩的成分越多，其色相越不鲜明。光谱中的红、橙、黄、绿、蓝、紫为基本色相，色彩学家将它们以环形排列，再加上光谱中没有的红紫色，形成一个封闭的圆环，就构成了色相环。由色彩间的不同混合可分别做出 10、12、16、18、24 色色相环 03 04 。

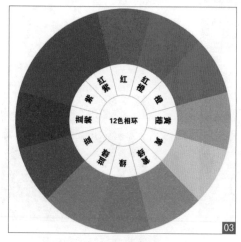

12 色相环

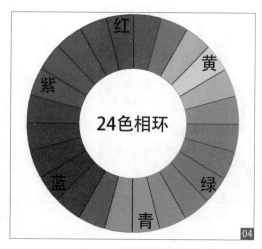

24 色相环

1.4.3　明度

明度是指色彩的亮度或明度。颜色有深浅、明暗的变化，比如深黄、中黄、淡黄、柠檬黄等黄颜色在明度上就不一样，紫红、深红、玫瑰红、大红等红颜色在亮度上不相同。这些颜色在明暗、深浅上的不同变化也就是色彩的明度变化。

无彩色中明度最高的是白色，明度最低的是黑色 05。

有彩色中黄色的明度最高，处于光谱中心，紫色的明度最低，处于光谱边缘。在有彩色中加入白色会提高明度，加入黑色则降低明度，如右图所示，上方色阶为不断加入白色、明度变亮的过程，下方为不断加入黑色、明度变暗的过程 06。

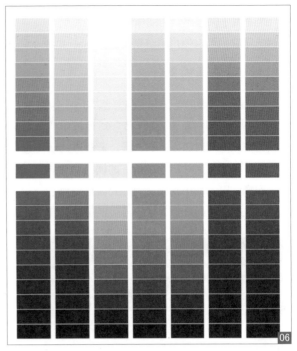

无彩色明度色阶　　　　　　　　　　有彩色明度色阶

1.4.4　饱和度

饱和度是指色彩的鲜艳程度，也称色彩的纯度，人们的眼睛能够辨认出的有色相的色彩都具有一定的鲜艳度。饱和度取决于该色中含色成分和消色成分（灰色）的比例，含色成分越大，饱和度越大；消色成分越大，饱和度越小。有彩色中红、橙、黄、绿、蓝、紫基本色相的饱和度最高。无彩色没有色相，因此，饱和度为零。例如绿色，当它混入白色时，鲜艳度就会降低，但明度增强，变为淡绿色；当它混入黑色时，鲜艳度降低，明度也会降低，变为暗绿色 07 08。

饱和度降低，明度降低

饱和度降低，明度增强

1.4.5　色调

以明度和饱和度共同表现色彩的程度称为色调。色调一般分为 11 种，即鲜明、高亮、清澈、明亮、灰亮、苍白、隐约、浅灰、阴暗、深暗、黑暗。其中，鲜明和高亮的彩度很高，给人华丽而又强烈的感觉；清澈和隐约的亮度和彩度比较高，给人一种柔和的感觉；灰亮、浅灰和阴暗的亮度和彩度比较低，给人一种冷静、朴素的感觉；深暗和黑暗的亮度很低，给人一种压抑、凝重的感觉 09 10。

高色调摄影　　　　　　低色调摄影

1.5 通道与颜色

通道用于保存照片的图像信息和颜色信息。当照片的颜色发生变化时，通道的明度也随之发生改变，这意味着我们可以使用通道来调色，其实通道调色的空间更大、效果更好。

1.5.1 调色调的是什么

一张彩色图像的全部色彩信息都存储于通道中，打开一张照片，执行"图像 > 调整 > 色相 / 饱和度"命令，在弹出的"色相 / 饱和度"对话框中调节参数，改变图像的颜色，观察"通道"面板，可以看到图像颜色变化的同时通道中红、绿、蓝通道的明度也在发生变化，用其他调色命令调整也是这样。

由此可见，使用 Photoshop 的调色命令调整图像实际上是在调整通道，虽然我们并没有在通道中直接编辑图像，Photoshop 会在内部处理通道颜色，使之变亮或者变暗，从而实现调整图像色调的目的，现在我们知道调色调的是什么了，其实就是通道 01 02 。

1.5.2 补色的应用

在 Photoshop 的调色命令中，"色彩平衡"和"变化"命令都是基于色彩的互补关系进行调色的，它们直接给出了补色，所以使用起来简单而且直观。

"色彩平衡"命令的补色关系非常清楚，将滑块拖向一种颜色就会增加该颜色，同时减少另一端补色的颜色 03 。

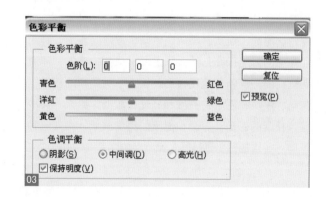

1.5.3　RGB 通道与光线

RGB 通道

在 Photoshop 中打开 RGB 模式的照片，可以在"通道"面板中看到 3 个颜色通道，其中，"红"通道保存的是红光、"绿"通道保存的是绿光、"蓝"通道保存的是蓝光，这 3 个通道组合以后才能形成彩色图像。在编辑照片时，如果没有指定通道，Photoshop 就将所做的调整同时应用到所有通道；如果指定了具体通道，就能够执行一些只有使用该颜色通道才能做的操作处理04 05 06 07。

RGB 通道

红通道

绿通道

蓝通道

光与色彩的变化

在观察通道时，某个颜色通道越亮，说明该通道的光线越亮，相应的颜色也多，否则相反。

在对 RGB 模式的照片进行调色时，想要增加什么颜色，就将相应的通道颜色调亮，在光线增加的同时色彩的含量也会增加；想要减少某种颜色，就将相应的通道颜色调暗，通过减少光线的方式来减少色彩的含量08。

当我们想要增加红色时，选择"红"通道，执行"图像 > 调整 > 曲线"命令，在弹出的"曲线"对话框中调节曲线的参数，将红通道调亮，如果想要减少红色，就将红色调暗。当然，我们也可以通过增加或减少补色来实现相同的目的 09 10 11 12 13 14。

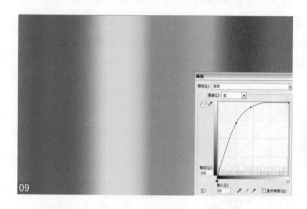

增加红色（减少青色）：将红通道调亮

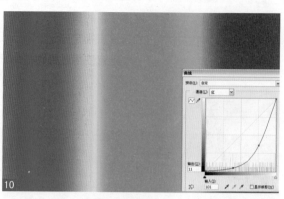

减少红色（增加青色）：将红通道调暗

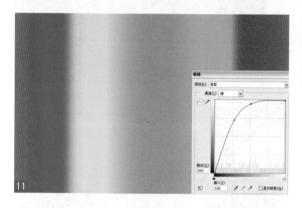

增加绿色（减少洋红色）：将绿通道调亮

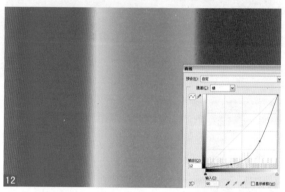

减少绿色（增加洋红色）：将绿通道调暗

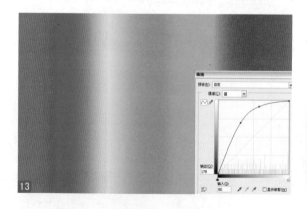

增加蓝色（减少黄色）：将蓝通道调亮

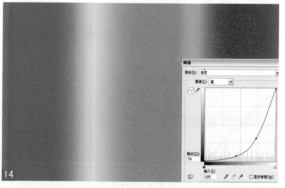

减少蓝色（增加黄色）：将蓝通道调暗

1.5.4 CMYK 通道与油墨

CMYK 通道

CMYK 模式是用青色、洋红、黄色和黑色来构建图像,因此,该模式通道中记录的不是光,而是油墨含量,执行"图像 > 模式 > CMYK 模式"命令,将图像转换为 CMYK 模式后,会有很多黑色和深灰色细节转换到黑色通道中。调整黑色通道可以使阴影的细节更加清晰,而且不会改变色相。因此,在处理黑色和深灰时,CMYK 的优势非常明显[15][16][17][18]。

转换为 CMYK 模式图像

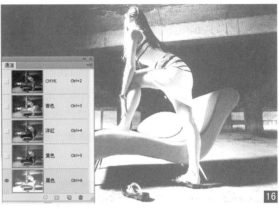

选择黑色通道,观察图像

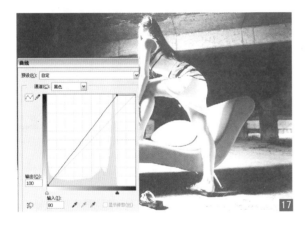

执行"曲线"命令,调整黑色通道

阴影图像更加清晰,色相不受影响

当我们使用 CMYK 调色时还需要注意一个问题,因为 CMYK 模式没有 RGB 模式的色域广,有些颜色转换后就会丢失,如饱和度较高的绿色、洋红色等,这种丢失颜色后的图像的色彩没有原来鲜艳,并且,即便再次转换为 RGB 模式也无法恢复。

因此在对图像进行转换时,我们还需要谨慎处理,不妨使用之前介绍的知识先对图像进行测试,观察一些色彩丢失的情况,再进行转换,可以执行"视图 > 色域警告"命令,看一看溢色在整个图像中占多大的比例(画面中被灰色覆盖的区域就是溢色的区域),或者执行"视图 > 校样颜色"命令,直接用肉眼来观察色彩的变化情况。

油墨与色彩的变化

在 RGB 模式中通道越亮，表示光线越多，相应的颜色也越多。CMYK 与之相反，通道越亮，油墨越少，相应的颜色也越少。因此，CMYK 模式调色的重点是要增加哪种颜色，就将相应的通道调暗，以此来增加油墨量；要减少哪种颜色，就将相应的通道调亮，以此来减少油墨量[19] [20] [21] [22] [23] [24] [25]。

Tips

RGB 与 CMYK 的调色差异

在调整 RGB 模式的图像时，曲线向上，通道变亮，增加颜色；曲线向下，通道变暗，减少颜色。在调整 CMYK 模式的图像时，曲线向上，通道变暗，减少油墨量；曲线向下，通道变亮，增加油墨量。

增加青色（减少红色）：将青通道调暗

减少青色（增加红色）：将青通道调亮

增加洋红色（减少绿色）：将洋红色通道调暗

减少洋红色（增加绿色）：将洋红色通道调亮

增加黄色（减少蓝色）：将黄通道调暗

减少黄色（增加蓝色）：将黄通道调亮

1.5.5 Lab 模式与色彩

Lab 模式的通道

在使用 RGB 和 CMYK 模式调色时，每个通道不仅会影响图像的色彩，还会改变颜色的明度。Lab 模式则不同，它可以将亮度信息和明度信息分开，因此，能够在不改变图像亮度的情况下改变图像的色相。打开一张照片，执行"图像 > 模式 > Lab"模式，将它转换为 Lab 模式，其中明度通道保存的是明度信息（表示图像的明暗程度），没有任何色彩；a 通道表示由绿色到洋红色的光谱变化；b 通道表示由蓝色到黄色的光谱变化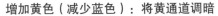。

Lab 通道

明度通道

a 通道

b 通道

Lab 模式通道与色彩的变化

Lab 模式中的 a 通道和 b 通道比较特殊，它们不止包含一种颜色，a 通道包含的颜色介于绿色和洋红色之间；b 通道包含的颜色介于黄色和蓝色之间，因此，将 a 通道调亮，就会增加洋红色，将 a 通道调暗，就会增加绿色；将 b 通道调亮，就会增加黄色，将 b 通道调暗，就会增加蓝色。当需要调整图像的明暗度时，就要调整明度通道，将明度通道调亮，图像色调变亮；将明度通道调暗，图像则会变暗 30 31 32 33 34 35 36。

Tips

Lab 模式的色彩转换优势

将一张照片从 RGB 模式转换为 CMYK 模式会丢失鲜艳的色彩，但是将其转换为 Lab 模式不会有任何损失，因为 Lab 模式包含 RGB 的全部色域。

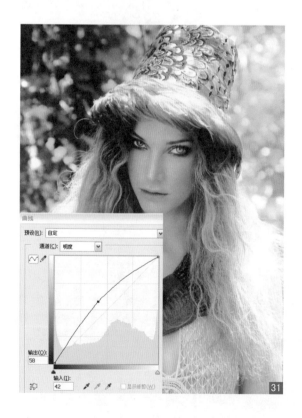

提高明度，图像变亮

降低明度，图像变暗

将 a 通道调亮，增加洋红色

将 a 通道调暗，增加绿色

将 b 通道调亮，增加黄色

将 b 通道调暗，增加蓝色

1.5.6 混合模式与通道

"通道混合器"命令

Photoshop 中有 3 种命令能进行通道混合，即"通道混合器""应用图像"和"计算"命令。

"通道混合器"是一个用于控制颜色通道中颜色含量的高级命令，它可以将任意一个颜色通道与我们要调整的颜色通道混合。该命令提供两种混合模式，即"相加"和"减去"。"相加"模式可以通过增加两个通道中的像素值使图像变亮，"减去"模式则是从目标通道中相应的像素上减去源通道中的像素值，使图像变暗。

打开一张照片，执行"图像＞调整＞通道混合器"命令，弹出"通道混合器"对话框，在"输出通道"下拉列表中选择蓝色通道，向右侧拖动滑块，Photoshop 会将红色通道与蓝色通道通过"相加"模式进行混合，若向左侧拖动，则采用"减去"模式进行混合，且滑块越靠近两端，混合强度越大 37 38 39。

向右拖动滑块，蓝色通道变亮，画面中的蓝色得到增强

向左拖动滑块，蓝色通道变暗，画面中其补色黄色得到增强

　　当我们不调整任何颜色滑块，只调整"常数"的参数时，可以直接调整输出通道（蓝色通道）的灰度值，让高光或者阴影变灰，该通道不与任何通道混合，向右拖动"常数"滑块，会在通道中增加更多的白色，当该值为200%时，通道会成为全白；向左拖动"常数"滑块，会在通道中增加更多的黑色，当该值为−200%时，通道会成为全黑 40 41 。

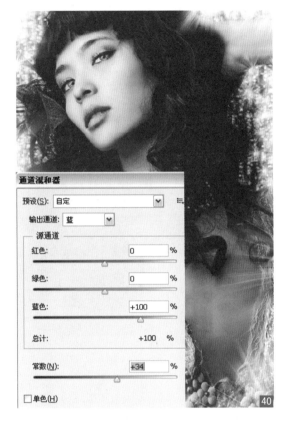

将蓝色调的阴影色调调灰，阴影色调中会增加蓝色

将蓝色调的高光色调调灰，高光色调中会增加黄色

　　如果选择"单色"复选框，就会删除颜色，得到黑白图像；如果取消选择该复选框，然后拖动颜色滑块，就会得到单色调或其他色调的图像 42 43 。

"应用图像"命令

　　打开一张照片，选择"蓝"通道，执行"图像＞应用图像"命令，弹出"应用图像"对话框，在"通道"下拉列表中选择红通道，在"混合"下拉列表中选择一种混合模式，红色通道就会与我们选择的蓝色通道进行混合，并且选择"相加"和"减去"模式时，混合效果与使用"通道混合器"处理的效果是相同的。

　　"应用图像"是比"通道混合器"还要强大的通道调整命令，它不仅包含了更多的混合方式，而且可以调整混合强度，调整方法很简单，只需要修改不透明度的参数即可，参数值越小，混合强度越小44 45 46 47 48。

红通道采用相加模式混合蓝通道　　　　　　　　　蓝色通道变亮，画面中蓝色增强

红通道采用叠加模式混入蓝通道　　红通道采用深色模式混入蓝通道　　红通道采用柔光模式混入蓝通道

"计算"命令

　　"计算"命令中包含的混合模式以及控制混合强度的方法都与"应用图像"命令相同，但该命令是将颜色通道的混合结果应用到一个新创建的 Alpha 通道中，而不修改颜色通道。因此，"计算"命令虽然能混合颜色通道，但却不能修改颜色。

　　"计算"命令可以混合两个来自一个或多个源图像的单个通道，使用该命令可以创建新的通道和选区，也可以生成新的黑白图像。打开一个照片，执行"图像 > 计算"命令，弹出"计算"对话框，然后进行调整 49 50 51 52 53 54 55。

原图

选择"新建通道"选项，创建新的通道

选择"选区"选项，得到一个选区

选择"新建文档"选项，得到新的黑白图像

1.6　色彩的混合

将两种或两种以上的色彩混合在一起，构成与原色不同的新颜色称为色彩混合。色彩混合分为加色混合、减色混合和视觉混合 3 种类型。

1.6.1　加色混合

加色混合也叫加光混合，是指将不同光源的辐射光透射在一起产生出新的色光。例如面前的一堵石灰墙，没有光照时它在黑暗中，人的眼睛看不到它，墙面只被红光照亮时呈红色，只被绿光照亮时呈绿色，红、绿光同时照的墙面则呈黄色。

色光的三原色是红色、绿色和蓝色，将它们按照不同的比例混合就可以创造出大自然中的任何一种色彩，将色光三原色全面混合会生成白色 07。

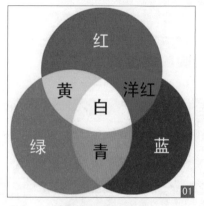

加色混合原理

1.6.2　减色混合

减色混合指不能发光却能将照来的光吸掉一部分，将剩下的光反射出去的色料的混合。颜料、染料、印刷油墨等都属于减色混合。

所有印刷品都是由青、洋红、黄、黑这 4 种油墨混合而成的。青色油墨只吸收红光，洋红色油墨只吸收绿光，黄色油墨只吸收蓝光。

举个例子，在印刷品中，当白光照在纸上以后，如果要让绿色油墨看上去是绿色的，就必须将绿光反射到我们的眼睛里，根据减色混合原理，我们看到绿色油墨是由青色和黄色油墨混合而成的，青色油墨将红光吸收掉了，黄色油墨将蓝光吸收掉了，因此只有绿光反射出来，我们的眼睛看到的绿色就是这样产生的 02。

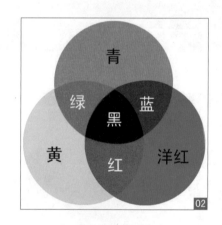

减色混合原理

1.6.3　视觉混合

通过视觉过程产生的混合称为视觉混合。视觉混合分为有色旋转混合和并置混合两种类型。

旋转混合是指将任意两种以上的色料涂在圆盘上快速旋转而呈现出的一种新的颜色。

并置混合是将不同的色彩以点、线、网、小块面等形式交错杂陈地并置在纸上，隔开一段距离观看，就能看到并置混合出来的新色。

1.6.4　色域

色域是指某种特定的设备（如打印机）能够产生出色彩的全部范围，在现实生活中，自然界可见光谱的颜色形成了最大的色域空间，它包含人眼所能见到的所有颜色，国际照明协会根据人眼的视觉特性把光线、波长转换为亮度和色相，创建了一套描述色域的色彩数据 04。

Lab 色域最广，RGB 次之，CMYK 色域最小

1.6.5　色彩管理

什么是色彩管理

　　所谓色彩管理，是指运用软、硬件结合的方法在生产系统中自动统一地管理和调整颜色，以保证整个过程中颜色的一致性。

　　由于每一种设备都有一个不同的色域进行工作，这就容易出现一个问题，数码相机和打印机会将一种相同的颜色解读为带有细微差别的色彩。色彩管理就是对数码相机、打印机、显示器以及印刷设备之间存在的色彩关系进行协调，使不同的设备表现的颜色尽可能统一04。

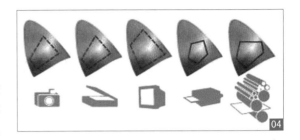

各种设备的色域

指定配置文件

　　Photoshop 提高了色彩管理系统，它借助 ICC 颜色配置文件来转换颜色。ICC 颜色配置文件是用于描述设备怎样产生色彩的小文件，它的格式由国际色彩联盟规定。

　　如果要指定配置文件，可执行"编辑 > 颜色设置"命令，弹出"颜色设置"对话框，在"工作空间"选项组的 RGB 下拉列表中进行选择。其中，ProPhoto RGB 提供的色彩最绚丽，Adobe RGB 次之，Apple RGB 和 ColorMatch RGB 要比它们暗一些，sRGB 没有 Adobe RGB 的表现力强05 06 07 08 09。

Adobe RGB　　　　　Apple RGB

Tips

　　配置文件设定技巧

　　大多数数码相机都将 sRGB 设定为默认的色彩空间，因此处理用数码相机拍摄的照片时，可将其设定为 sRGB，如果照片用于打印和输出，建议将其设定为 Adobe RGB，因为该格式包含一些无法使用 sRGB 定义的可打印颜色，比如青色和蓝色。

sRGB　　　　ColorMatch RGB　　　　ProPhoto RGB

转换配置文件

如果要将以某种色彩空间保存的照片调整为另外一种色彩空间，可以将图像打开，执行"编辑 > 转换为配置文件"命令，弹出"转换为配置文件"对话框中，在"目标空间"选项组的"配置文件"下拉列表中选择所需要的色彩空间，单击"确定"按钮进行转换。

1.6.6 色域警告

溢色

数码相机、显示器、扫描仪、电视机都称为 RGB 设备，因为它们都是通过色光的三原色（红色、绿色、蓝色）形成色彩的。由于 RGB(屏幕格式) 比 CMYK(印刷模式) 的色域范围广，所以将 RGB 模式转换为 CMYK 模式后，颜色信息就会受到损失。例如我们将一张图像的颜色调整得特别鲜亮，但是把它打印出来后颜色却没有那么鲜亮，那些无法被打印机打印出来的颜色就称为"溢色"。

观察照片的整体溢色情况

如果想要知道照片中的哪些颜色是溢色，可以执行"视图 > 色域警告"命令，画面中灰色覆盖的地方就是溢色区域，再次执行该命令，可以关闭色域警告 。

在调色的同时观察是否出现溢色

选择工具箱中的颜色取样器工具，在图像上需要观察的地方单击放置取样点，在"信息"面板中的吸管上单击并选择 CMYK 颜色，设定好后进行调色，如果取样点的颜色超出 CMYK 的色域范围，那么在 CMYK 的数值旁就会出现叹号13 14。

在屏幕上模拟印刷

打开一张图片，执行"视图 > 校样设置 > 工作中的 CMYK"命令，然后执行"视图 > 校样颜色"命令，Photoshop 就会模拟图像在商用印刷机上的输出效果，在这种状态下进行调色，看到的颜色与输出后的颜色基本上没有多大差别，再次选择"视图 > 校样颜色"命令可以关闭校样颜色15 16。

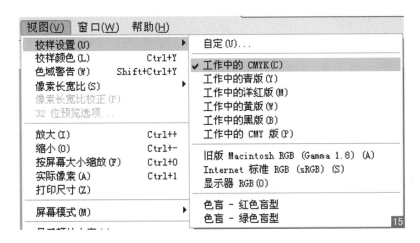

Chapter

02

数码照片处理的基本操作

由于篇幅所致，本章没有将比较初级的操作列入其中，而是从 RAW 格式开始介绍数码照片的一些鲜为人知的处理方法，例如 RAW 格式文件的处理和批处理，以及对于数码照片的一些新功能的操作方式。

2.1 RAW 格式的基本处理

使用 Camera Raw 可以调整照片的白平衡、色调、饱和度，以及校正镜头缺陷。在使用 Camera Raw 调整 Raw 照片时，将保留图像原来的相机原始数据，调整内容或者存储在 Camera Raw 数据库中作为元数据嵌入到图像文件中。

难易程度：★☆☆☆☆

原始文件：	Chapter 02/Media/2-1.CR2
最终文件：	Chapter 02/Complete/2-1.jpg
视频文件：	Chapter 02/2-1.avi

01 素材的展示与导入

本小节不仅对素材和最终效果图进行了展示与对比,还将素材导入了文件中并为其添加滤镜。

在本节案例中,我们看到原素材的色调比较暗,通过Camera Raw滤镜调整素材的色温、色调、曝光、对比度等选项的参数,将素材的色彩进行改变,使素材变得更加漂亮。

执行"文件>打开"命令,在弹出的"打开"对话框中选择素材文件,单击"打开"按钮将其打开01 02。

复制背景图层,或按Ctrl+J组合键复制图层,执行"滤镜>Camera Raw滤镜"命令,效果如图所示03。

案例效果对比

02 调整素材色调

本小节主要调整色温、色调、曝光、对比度等选项的参数，从而对素材的色调进行调整。

首先通过调整色温、色调、曝光、对比度选项将图像的色调进行调整 04。

继续调整图像的高光、阴影、白色、黑色、清晰度、自然饱和度以及饱和度选项 05。

案例色调调整完成，单击"确定"按钮完成，案例的最终效果如图所示 06。

2.2 使用预设对 RAW 照片进行处理

在日常修片时，我们经常会遇到要对一组照片进行色调统一的情况。在这里向大家介绍如何在 Camera Raw 中快速使用预设将一组图片的色调进行批处理的方法。

难易程度：★★☆☆☆

原始文件：	Chapter 02/Media/2-2.CR2
最终文件：	Chapter 02/Complete/2-2.jpg
视频文件：	Chapter 02/2-2.avi

01 色调的调整

本小节主要是调整素材文件的色温、曝光、对比度和高光等参数，从而改变素材文件的色调。

在影楼调片中，经常会遇到对一系列照片进行色调统一的情况，那么本节案例就来讲解如何快速地将一组照片调整为一个色调。

执行"文件＞打开"命令，在弹出的"打开"对话框中选择素材文件，单击"打开"按钮将其打开01。

调整图像的色温、曝光、对比度、高光等参数，将图像的色调进行调整02。

案例效果对比

02 批处理图像

本小节主要讲解如何在 Camera Raw 中进行批处理，将素材文件的色调进行统一。

单击"完成"按钮完成，此时在文件夹中便生成了一个"001.xmp"预设文件03。

在 Camera Raw 中打开"002.CR2"文件，单击"基本"右边的小三角，在弹出的下拉菜单中选择"载入设置"，在弹出的对话框中选择刚刚保存的"001.xmp"预设文件，即可让该图像的色调与之前调整的"001.CR2"图像的色调一致。单击"存储图像"按钮将图像进行保存04 05 06。

使用同样的方法将其他图像进行调整07。

003效果图

004效果图

001效果图

002效果图

2.3 将倾斜的照片进行校正处理

本例主要练习如何校正倾斜照片，本例中讲解到的利用标尺工具校正
照片的方法是非常实用的，当在生活中遇到倾斜照片时可以借用本例中
的做法将倾斜照片迅速校正。

难易程度：★★☆☆☆

原始文件：	Chapter 02/Media/2-3.jpg
最终文件：	Chapter 02/Complete/2-3.psd
视频文件：	Chapter 02/2-3.avi

01 素材的导入与编辑

本小节主要打开并复制素材文件，然后使用"标尺工具"在图像上绘制直线。

摄影师在拍摄过程中难免会出现角度的倾斜，这时就需要对倾斜的图像进行校正。

这里介绍一个通过拉标尺快速调整画面水平的方法。

具体做法是使用标尺工具沿着原有图像的边缘拉一条竖线，再单击选项栏中的"拉直图层"按钮，这时会产生使整体画面瞬间拉平的效果。

执行"文件＞打开"命令，在弹出的"打开"对话框中选择素材文件，单击"打开"按钮将其打开 01。

按 Ctrl+J 组合键复制背景图层，然后单击工具箱中的"标尺工具"按钮 ，在图像中选择一条倾斜的直线，在直线上拖动标尺 02。

案例效果对比

02　校正倾斜的照片

本小节主要校正倾斜的照片。在画面中选取直线，利用标尺工具在画面中沿着直线拉一线段，以此校正倾斜的照片。

在选项栏中单击"拉直图层"按钮03，然后取消背景图层前面眼睛图标的选中状态04。

单击工具箱中的"裁剪工具"按钮，在画面中移动裁剪边，然后按 Enter 键确定将不需要的部分裁去05　06。

2.4 非常好用的修补工具

修补工具在照片初调中使用的频率较高，尤其在背景瑕疵以及"穿帮"的修复上是十分常用的，本节案例就来使用修补工具对人物脸上的瑕疵进行修补。

难易程度：★★☆☆☆

原始文件：	Chapter 02/Media/2-4.jpg
最终文件：	Chapter 02/Complete/2-4.psd
视频文件：	Chapter 02/2-4.avi

01　色调的调整

本小节主要通过添加色阶调整图层对人物色调进行调整。

快速修补工具的使用在图像的初调中是十分重要的，主要针对画面中的瑕疵以及穿帮的部分进行修整。在应用过程中需要注意的是首先分析清楚哪些才是真正应该修掉的瑕疵部分，而并非一味地用修补工具进行勾选。图像修整的过程实际上也是一个修图师不断思考的过程，只有在准确地理解图像本身的基础上才可能做出好的作品。

执行"文件 > 打开"命令，在弹出的"打开"对话框中选择素材文件，单击"打开"按钮将其打开01。

复制"背景"图层，单击"图层"面板下方的"创建新的填充或调整图层"⊘.按钮，在弹出的下拉菜单中选择"色阶"选项，在打开的"属性"面板中设置色阶的参数02 03。

案例效果对比

02 处理人物的皮肤

本小节主要进行背景素材色调的调整，使用修补工具将人物面部的瑕疵进行处理，可以使人物的皮肤看起来更加有质感。

按 Ctrl+Alt+Shift+E 组合键盖印可见图层，并将盖印图层的名称修改为"瑕疵修整"。单击工具箱中的"修补工具"   按钮，在选项栏中设置修补行为为"源"，框选人物脸部的瑕疵处，将出现的选区，拖曳到附近皮肤处，使肤色更加均匀，重复同样的步骤，将脸部的瑕疵分别进行处理。04 05。

接下来对人物的形体进行液化，并对皮肤进行磨皮，使人物的皮肤看起来更加细腻06 07。

最后，使用"色相／饱和度"、"选取颜色""锐化""渐变映射"等命令对图像整体的颜色进行调整08 09。

2.5 对多张图片进行排列处理

在日常工作中我们可能会遇到这样的问题，就是需要将分布在页面上的凌乱照片分别存储。通常情况下，我们会选择裁剪工具，甚至是钢笔工具对其进行操作。如果我们要处理的只是少许的几张图像也就罢了，当需要处理几十张、几百张甚至几千张图像的时候应该怎么办呢？

难易程度：★★☆☆☆

原始文件：	Chapter 02/Media/2-5.jpg
最终文件：	Chapter 02/Complete/2-5.jpg
视频文件：	Chapter 02/2-5.avi

素材的展示与制作

　　本小节主要进行素材和最终效果图的展示，可以更直观地对比案例的前后效果。

　　本节案例给大家讲解一下如何从海量的工作中将自己轻松地"解救"出来。在 Photoshop CC 软件中，用户可以使用"文件＞自动＞裁剪并修齐照片"命令轻松地将所有的图像去掉边框并进行裁正。相信在了解这一知识点以后我们的工作效率会有大大提高，俗话说"磨刀不误砍柴工"，在我们进行繁复的工作之前只要找到了好的方法，相信一定会达到事半功倍的效果。

　　执行"文件＞打开"命令，在弹出的"打开"对话框中选择素材文件，单击"打开"按钮将其打开 01 。

　　执行"文件＞自动＞裁剪并修齐照片"命令，将页面上凌乱分布的照片进行快速裁剪并且修齐处理，最终效果如图所示 02 。

案例效果对比

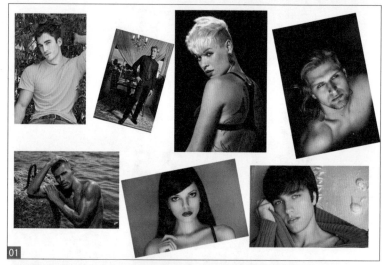

2.6 对一组图片进行编号处理

在日常生活中，我们经常会遇到将许多照片进行分类的工作，本节案例就来讲解如何将多个人的照片快速地放到同一个页面中。

原始文件：	Chapter 02/Media/2-6.psd
最终文件：	Chapter 02/Complete/2-6.jpg
视频文件：	Chapter 02/2-6.avi

难易程度：★★☆☆☆

素材展示并放置

本小节主要讲解如何将多张照片快速放置到同一个页面上。

在工作中我们经常会遇到需要将照片进行分类管理的任务，那么如何将一百个人的照片整理到一张 A4 纸上，并且将每张照片的名称与备注进行更改呢？这时需要借助 Photoshop 中的"文件 > 自动 > 联系表 II"命令来高效地实现这一目标。

执行"文件 > 自动 > 联系表 II"命令，在弹出的"联系表 II"对话框中对其参数进行设置，然后单击"确定"按钮，系统会自动导入照片并且排列，效果如图所示 01 02 03 。

案例效果对比

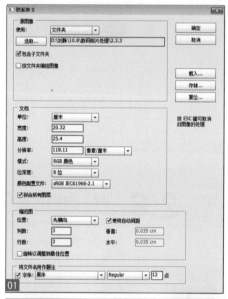

2.7 绘制柠檬无缝背景

本例主要介绍怎样制作柠檬无缝背景，在此过程中涉及抠图、定义图案以及填充等知识点。在掌握了以上几种技巧之后，读者就可以根据需要来设计自己喜欢的背景图案。

难易程度：★★☆☆☆

原始文件：	Chapter 02/Media/2-7.psd
最终文件：	Chapter 02/Complete/2-7.psd
视频文件：	Chapter 02/2-7.avi

01 抠图

本小节主要是对素材文件进行抠像处理，使用的工具为"魔棒工具"。

本例主要介绍怎样制作柠檬无缝背景，在此过程中涉及抠图、定义图案以及填充等知识点，在掌握了以上几种技巧之后，读者就可以根据需要来设计自己喜欢的背景图案了。

执行"文件＞打开"命令，在弹出的"打开"对话框中选择素材文件，单击"打开"按钮将其打开01。

复制背景图层，单击工具箱中的"魔棒工具"按钮，并设置容差为15，对画面中的白色背景区域进行点选。然后执行"选择＞修改＞羽化"命令，在弹出的"羽化选区"对话框中对羽化参数进行设置并单击"确定"按钮。接着按 Delete 键对所选区域进行删除，按 Ctrl+D 组合键取消选区。最后将背景图层进行隐藏，效果如图所示02 03 04。

案例效果对比

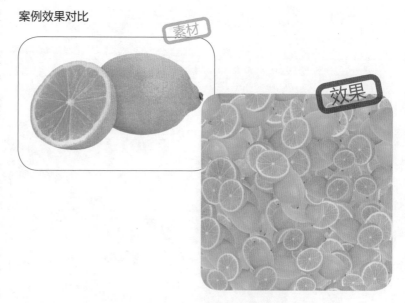

02　制作无缝背景

本小节首先定义图案，然后执行"填充"命令将图案进行填充，从而制作出一个无缝背景。

执行"编辑＞定义图案"命令，在弹出的"图案名称"对话框中输入图案的名称，然后单击"确定"按钮，将柠檬图案存至定义图案中 05　06　07。

执行"文件＞新建"命令，在弹出的"新建"对话框中设置参数。然后执行"图层＞新建图层"命令，新建一个图层，执行"编辑＞填充"命令，在弹出的"填充"对话框中设置参数后单击"确定"按钮，效果如图所示 08　09　10。

继续上述操作或者直接按Shift+F5 组合键对页面进行随机填充，就可以得到柠檬无缝背景，为其添加曲线、色阶效果，最终效果如图所示 11　12。

2.8　图像的综合修饰

在对女士照片修图中应该注意整体光线的调整、肤色的调整、光影的调整以及人物身形的修整和整体氛围的渲染等。其中，在调整人物肤色的过程中又包含了以下几个方面，首先需要考虑皮肤偏色的问题，接下来是肤色不匀的问题，根据不同情况选择不同的方式对皮肤进行修整。

难易程度：★★☆☆☆

原始文件:	Chapter 02/Media/2-8.jpg
最终文件:	Chapter 02/Complete/2-8.psd
视频文件	Chapter 02/2-8.avi

01 色调的调整

本小节我们将对素材文件添加曲线调整图层，从而更改素材的整体色调。

本案例主要使用 USM 锐化滤镜对人物的面部进行清晰处理。

案例效果对比

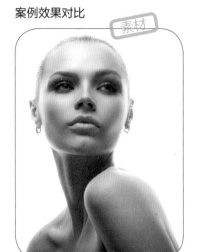

执行"文件＞打开"命令，在弹出的"打开"对话框中选择素材文件，单击"打开"按钮将其打开01 02。

复制"背景"图层，得到"背景复制"图层。然后单击"图层"面板下方的"创建新的填充或调整图层" 按钮，在弹出的下拉菜单中选择"曲线"选项，在打开的"属性"面板中设置曲线参数03 04。

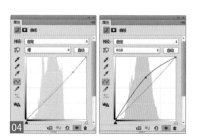

02 调整人物素材的清晰度

本小节主要进行人物素材的清晰度的调整，执行"锐化"命令使人物的轮廓看起来更加清晰与立体，再通过"曲线""可选颜色"等操作调整画面的色调。

单击"图层"面板下方的"创建新的填充或调整图层" ◑. 按钮，在弹出的下拉菜单中选择"色阶"选项，在打开的"属性"面板中设置曲线参数 05 06 。

按 Ctrl+Alt+Shift+E 组合键盖印可见图层，然后单击"图层"面板下方的"创建新的填充或调整图层" ◑. 按钮，在弹出的下拉菜单中选择"色阶"选项，在打开的"属性"面板中设置曲线参数。选择"图层蒙版缩览图"，使用画笔工具，将前景色设置为黑色，在图像中进行涂抹，将部分色阶效果进行隐藏 07 08 09 。

继续盖印可见图层，复制盖印图层，将其名称修改为"锐化"。然后执行"滤镜＞锐化＞USM锐化"命令，在弹出的"USM 锐化"对话框中设置锐化参数，单击"确定"按钮键完成 10 11 。

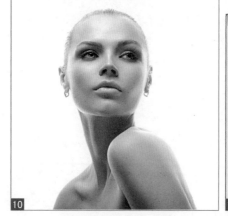

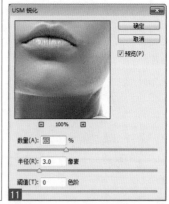

在"图层"面板下方单击"添加图层蒙版" ▣ 按钮，为"锐化"图层添加"图层蒙版"，设置前景色为黑色，在图像中进行涂抹，将部分锐化效果进行隐藏 12 13。

单击"图层"面板下方的"创建新的填充或调整图层" ◑. 按钮，在弹出的下拉菜单中选择"曲线"选项，在打开的"属性"面板中设置曲线参数，然后使用上述同样的方法将图像部分的曲线效果进行隐藏 14 15 16。

到这里完成了 USM 锐化练习，接下来将人物抠出，为人物添加背景，对人物的细节进行调整，利用"可选颜色"、"曲线"等命令使人物的肤色看起来更加干净、清爽，案例完成 17 18。

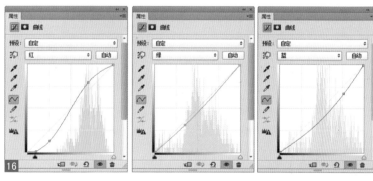

Chapter
03

数码照片调色处理

调色是数码照片处理中的一个重要环节，在 Photoshop 中有很多调色工具，例如色阶、亮度/对比度、可选颜色、曲线等，它们有各自的方便之处，当然用户也可以配合使用这些工具，下面针对专业设计师常用的一些调色手法向大家展示 Photoshop 调色的强大之处。

3.1 简单处理白平衡

本例主要讲解通过读取信息的方法来识别图像的偏色，并根据其具体参数调整偏色的情况。

难易程度：★★☆☆☆

原始文件：	Chapter 03/Media/3-1.psd
最终文件：	Chapter 03/Complete/3-1.psd
视频文件：	Chapter 03/3-1.avi

01 分析原图

本小节主要对原素材图的色调进行分析，通过使用"颜色采样器工具"对图片的 R，G，B 信息进行查看和分析，更准确地判断图片色调。

本例的原理是根据通道中三原色的参数来识别色彩，从而进一步校正偏色。除了要对具体信息参数分析之外还要考虑图像本身的情况，例如物体本身的凹凸对于颜色的影响，以及环境光等因素的影响等。

执行"文件＞打开"命令，在弹出的"打开"对话框中选择素材文件，单击"打开"按钮将其打开 01 02。

通过肉眼观察可以发现原图是偏黄色的，那么排除了显示其本身的偏色因素之外，我们如何准确地判断出该图的偏色情况，这时就需要借助颜色取样器工具。由于其他色彩在颜色参考上缺乏依据，我们会选择黑白灰色的物体作为校色的参考或者依据，在该图像中我们选择了白色的瓷盘作为校色的参考。按 F8 键将鼠标指针停滞在白色的瓷盘部分，观察信息栏中对应的 RGB 参数情况。白色的物体对应的 RGB 参数应该均为 255，但是该图白色的部分所对应的参数为 R：232，G：228，B：180，很明显 3 个数值均不达标，且其中蓝色的数值偏底。由于蓝色的对应色为黄色，因此，整幅图像的色调偏黄 03 04。

实例效果对比

素材

效果

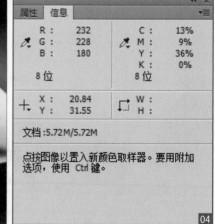

02 调整素材色调

本小节主要进行背景素材色调的调整，添加"色阶"图层，将偏色的图像进行处理。

单击"图层"面板下方的"创建新的填充或调整图层" ⬤. 按钮，在弹出的下拉菜单中选择"色阶"选项，在弹出的"色阶"对话框中单击"在图像中取样以设置白场" ✎ 按钮，在图像上应该是白色的地方单击，比如"瓷盘"，以此达到快速校正偏色的目的，效果如图所示 05 06 。

此时我们可以看到，图像的偏色已经解决。我们还可以通过手动调整色阶的参数来修整偏色，设置 RGB 的参数 07 08 。

分别设置红，绿，蓝的参数，效果如图所示 09 10 11 。

3.2 替换颜色的方法

本案例主要讲解如何利用可选颜色对图片中的单色分别进行调整或替换的方法。

难易程度：★★☆☆☆

原始文件：	Chapter 03/Media/3-2.jpg
最终文件：	Chapter 03/Complete/3-2.psd
视频文件：	Chapter 03/3-2.avi

01　导入素材

　　本小节主要是导入素材并对素材进行复制，之所以复制素材是为了保留原图，这样一来有任何错误都可以返回到最初始的图片效果。

　　在众多的调色工具中，可选颜色是非常实用的，在其对话框中可以看到"相对"和"绝对"两个单选按钮，一般情况下我们会选择"相对"单选按钮。较"曲线"而言，"可选颜色"最大的优势在于它可以对画面中的单一颜色进行饱和度的增强和色相的变化，结果就是可选颜色对图像色彩的调整更加精确与细致。

　　执行"文件＞打开"命令，在弹出的"打开"对话框中选择素材文件，单击"打开"按钮将其打开01。

　　按 Ctrl+J 组合键复制背景图层02。

案例效果对比

02　精细修图

本节小主要针对戒指的颜色和人物嘴唇的颜色进行调整，通过可选颜色的调整将戒指的颜色进行了由黄色到蓝色的转换。

单击工具箱中的"钢笔工具"按钮，在选项栏中选择工具的模式为"路径"，在画面中绘制钻石路径，并按 Ctrl+Enter 组合键将路径转化为选区03。

单击"图层"面板下方的"创建新的填充或调整图层" ⊘.按钮，在下拉菜单中选择"可选颜色"选项，在打开的"属性"面板中设置红色、黄色、白色、中性色以及黑色的参数04　05　06　07　08　09。

本例到这里就结束了，接下来也可以对图片中人物的嘴唇利用相同的方法进行颜色的替换等特效改变10。

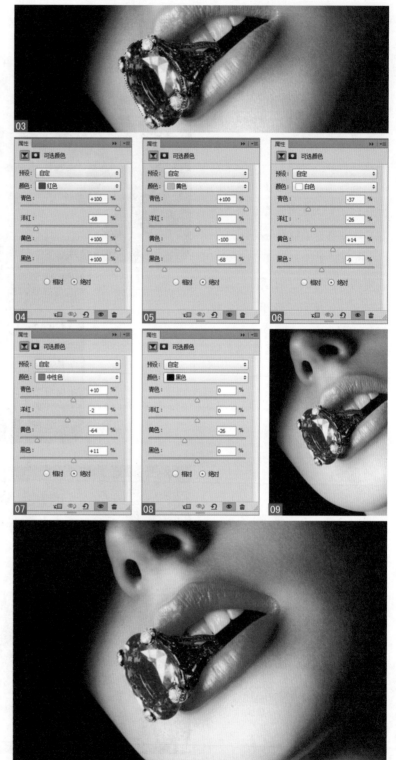

3.3 区域调色的方法

本案例主要讲解通过"计算"命令计算出高光、中间调、阴影区域，然后通过调整图层对图像进行调整。

难易程度：★★☆☆☆

原始文件：	Chapter 03/Media/3-3.CR2
最终文件：	Chapter 03/Complete/3-3.psd
视频文件：	Chapter 03/3-3.avi

01 人像基本修调

本小节首先使用了"修补工具"对人物面部的瑕疵进行修整，然后使用了"液化工具"对人物的脸部和形体进行了修整。

在"计算"对话框中，源1和源2分别改成灰色通道，当两个"反相"不选中，混合模式选择"正片叠底"我们就得到了Alpha1通道，也就是所谓的高光区域。

将"计算"对话框中的两个"反相"全部选中，则得到了反相的选择，从而得到了图像暗部区域。

将"计算"对话框中的两个"反相"任意选择一个，单击"确定"按钮便得到了中间调的选区。用上述方法可以将图像中的高光、中间调和暗部轻松地分离，以便进行下一步的操作。

执行"文件＞打开"命令，在弹出的"打开"对话框中选择素材文件打开，弹出Camera Raw8.0对话框，设置参数，然后单击"完成"按钮 01 02。

单击工具箱中的"修补工具"按钮，在画面中圈选人物脸部的瑕疵选区，将选区拖曳至相邻无瑕疵处完成修复 03 04，然后利用相似的方法修复所有瑕疵 05。

盖印图层，执行"滤镜＞液化"命令，在弹出的"液化"对话框中单击"向前变形工具"按钮液化人物形体，然后单击"确定"按钮 06 07。

盖印图层，并按Ctrl+Alt+2组合键载入图像高光选区 08。

案例效果对比

02 精细修图

本小节针对高光、阴影、中间调进行调整，将素材图片通过"计算"命令分别计算出通道图层，然后通过通道图层载入选区进一步调整。

单击"图层"面板下方的"创建新的填充或调整图层" ◔.按钮，在弹出的下拉菜单中选择"曲线"，在打开的"属性"面板中调整曲线，设置图层的不透明度为55% 09 10 11。

按 Ctrl+Alt+2 组合键载入图片高光选区，再按 Ctrl+I 组合键反选得到阴影选区，然后单击"图层"面板下方的"创建新的填充或调整图层" ◔.按钮，在弹出的下拉菜单中选择"曲线"，在打开的"属性"面板中调整曲线 12 13 14。

在"图层"面板中单击"通道"按钮，执行"图像＞计算"命令，在弹出的"计算"对话框中设置参数计算中间调通道，单击"确定"按钮得到 Alpha1 通道，然后按住 Ctrl 键单击 Alpha 1 通道缩略图，在弹出的 Adobe Photoshop CC 对话框中单击"确定"按钮载入中间调选区 15 16。返回"图层"面板，单击该面板下方的"创建新的填充或调整图层" ◔.按钮，在弹出的下拉菜单中选择"曲线"，在打开的"属性"面板中调整曲线 17 18 19。

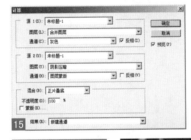 

案例到这里基本完成了，接下来可以添加中灰图层、"曲线"等对图像做进一步的精细调整 20。

3.4 图像转黑白效果的方法

本案例主要讲解通过渐变映射的方式对图像进行去色处理，除此之外，读者可以对渐变工具和渐变映射有一个更为深刻的认识。

难易程度：★★☆☆☆

原始文件：	Chapter 03/Media/3-4.jpg
最终文件：	Chapter 03/Complete/3-4.psd
视频文件：	Chapter 03/3-4.avi

图片去色

本小节主要是对图像添加了"渐变映射"调整图层，进而对图像进行了去色处理。

在"图层"面板下方单击"创建新的填充或调整图层"按钮我们会看到"渐变映射"这一选项，它和"渐变工具"最大的区别在于，渐变映射在加强图像的反差、增强画面的质感方面使用的频率更高一些，除此之外通过渐变映射方式为图像去色使得整体画面看起来更加干净。

执行"文件＞打开"命令，在弹出的"打开"对话框中选择素材文件，单击"打开"按钮将其打开 01。

单击"图层"面板下方的"创建新的填充或调整图层" 按钮，在弹出的下拉菜单中选择"渐变映射"选项，在打开的"属性"面板中设置渐变条为黑色到白色，案例完成 02 03。

案例效果对比

3.5 色阶的调色方法

本案例主要讲解怎样利用"色阶"对图像的黑、白、灰进行快速调整与校正。

难易程度：★★☆☆☆

原始文件：	Chapter 03/Media/3-5.jpg
最终文件：	Chapter 03/Complete/3-5.psd
视频文件：	Chapter 03/3-5.avi

01　导入素材

本小节主要是进行导入图片和复制原图等操作，以此来保留原图。

本例中的素材是一个亮度明显不够、过于灰暗的图片，对于这种图片，利用"色阶"可以快速校正图片的颜色。

在"色阶"对话框中，信息图下方有 3 个三角形滑块，这 3 个滑块从左到右依次代表的是黑色（暗调）、灰色（中间调）、白色（高光）。

观察本例中照片对应的信息图，可以发现从中间调到高光几乎是没有信息的，所以将高光滑块向暗调方向滑动可以起到调整图像的作用。

执行"文件 > 打开"命令，在弹出的"打开"对话框中选择素材文件，单击"打开"按钮将其打开 01。

按 Ctrl+J 组合键复制背景图层 02。

案例效果对比

02 精细修图

本小节主要对素材进行色阶的调整，通过对图像对应的色阶进行观察和调整来校正图像的颜色。

单击"图层"面板下方的"创建新的填充或调整图层" ◑. 按钮，在下拉菜单中选择"色阶"，在打开的"属性"面板中设置参数 03 04 。

单击"图层"面板下方的"创建新的填充或调整图层" ◑. 按钮，在下拉菜单中选择"色相／饱和度"，在打开的"属性"面板中设置参数 05 06 。

案例到这里完成了色阶的练习，接下来可以进行细节的调整，利用中灰图层塑造人物光影，通过 USM 锐化使发丝更加明显，最终效果如图所示 07 。

3.6 强制校色的方法

本案例讲解针对图片的整体或者偏色区域进行校色或强制校正色调。

难易程度：★★★☆☆

原始文件：	Chapter 03/Media/3-6.psd
最终文件：	Chapter 03/Complete/3-6.psd
视频文件：	Chapter 03/3-6.avi

01 导入和分析素材

本小节进行了素材的导入和复制，并对素材图片进行了分析，以保证后面的制作思路清晰。

在图像的调整中，色彩平衡也可以针对高光、中间调和阴影部分进行调整，能够快速、有效地调整图像的整体色调，同样也可以用来校正图像的色彩，使之均衡、不偏色。当我们遇到整体偏色的图像的时候，首先可以考虑用色彩平衡的方式为之校正，在使用过程中我们首先应该考虑中间调的调整，其次是阴影和高光部分的调整，下面一起来看一下色彩平衡的具体应用。

在本案例中，人物的肤色偏黄、偏红，针对这一现象可以通过"色彩平衡"快速地解决图像中人物肤色偏色的问题。需要注意的是，在其"属性"面板中应该选择"保留明度"这一复选框，以保证图像的明度不受影响。

执行"文件＞打开"命令，在弹出的"打开"对话框中选择素材文件，单击"打开"按钮将其打开。

按 Ctrl+J 组合键复制背景图层。

案例效果对比

02　精细修图

本小节主要对背景素材进行校色，首先通过"色彩平衡"进行加色处理，再通过"曲线"、"可选颜色"等进行颜色的细致调整。

单击"图层"面板下方的"创建新的填充或调整图层" ⊘.按钮，在下拉菜单中选择"色彩平衡"，在打开的"属性"面板中设置中间调参数 03　04 。

单击"图层"面板下方的"创建新的填充或调整图层" ⊘.按钮，在下拉菜单中选择"曲线"，在打开的"属性"面板中调整红色通道和蓝色通道的曲线 05　06 。

选择曲线图层蒙版，按 Ctrl+I 组合键反相蒙版。然后单击工具箱中的"画笔工具"按钮，在选项栏中选择柔角画笔，设置前景色为白色，在画面中人物的高光处进行涂抹，显示高光区域 07　08 。

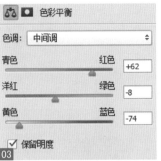

单击"图层"面板下方的"创建新的填充或调整图层" ⊘. 按钮，在下拉菜单中选择"可选颜色"，在打开的"属性"面板中设置红色通道参数09　10。

单击"图层"面板下方的"创建新的填充或调整图层" ⊘. 按钮，在下拉菜单中选择"色阶"，在打开的"属性"面板中设置参数11　12。

新建图层，设置前景色为中灰色（R：128，G：128，B：128），按 Alt+Delete 组合键为图层填充颜色，并设置图层的混合模式为柔光。然后单击工具箱中的"画笔工具"按钮，在选项栏中选择柔角画笔，降低不透明度，设置前景色为黑色，在画面的四周进行涂抹13。

本案例到这里就基本完成了，为了让图片更加完美，接下来可以对画面中的伞以及人物的鞋进行适当调整，最终效果如图所示14。

3.7 曲线的调色方法

本案例主要讲解怎样利用曲线和选区对画面中的指定区域进行调整。

难易程度：★★★☆☆

原始文件：	Chapter 03/Media/3-7.psd
最终文件：	Chapter 03/Complete/3-7.psd
视频文件：	Chapter 03/3-7.avi

01 导入和分析素材

本小节主要对素材图片进行了相关的设计分析，并给读者展示了案例的前后效果。

本例调整一个整体偏灰的图片，但是这个图片和上一个案例中的图片不同的是，上一个案例中的图片整体偏灰，而这个图片只是暗部与中灰过于偏灰，如果单纯地利用色阶调整，那么可能暗部还没有调到预想的效果，亮部就已经曝光过度了。

这里要讲另一个很重要的调整明度的工具——曲线。

Photoshop 将图像的暗调、中间调和高光通过曲线"属性"面板中间的斜线来表达，线段左下角的端点代表暗调，右上角的端点代表高光，中间的过渡代表中间调。

执行"文件＞打开"命令，在弹出的"打开"对话框中选择素材文件，单击"打开"按钮将其打开01。

按 Ctrl+J 组合键复制背景图层02。

案例效果对比

02　精细修图

本小节主要对素材的明度进行调整，指定选区后，针对选区内容利用"曲线"进行调整。

单击"图层"面板下方的"创建新的填充或调整图层"⊘.按钮，在下拉菜单中选择"色阶"，在打开的"属性"面板中设置参数03　04。

按 Ctrl+Alt+2 组合键载入图像高光选区，再按 Shift+Ctrl+I 组合键反转为阴影选区05。

单击"图层"面板下方的"创建新的填充或调整图层"⊘.按钮，在下拉菜单中选择"曲线"，在打开的"属性"面板中调整曲线06　07。

再次单击"图层"面板下方的"创建新的填充或调整图层"⊘.按钮，在下拉菜单中选择"曲线"，在打开的"属性"面板中调整 RGB 通道、红色通道、蓝色通道的曲线08　09。

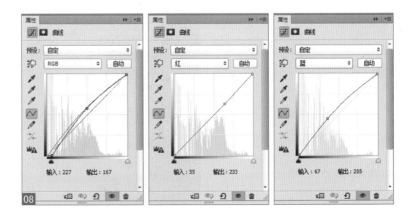

单击工具箱中的"钢笔工
具" 按钮，在选项栏中选择工
具的模式为"路径"，绘制人物
唇部路径，并按 Ctrl+Enter 组合
键将路径转化为选区10。

单击"图层"面板下方的"创
建新的填充或调整图层" 按钮，
在下拉菜单中选择"曲线"，在
打开的"属性"面板中调整 RGB
通道、红色通道、蓝色通道的曲
线11 12。

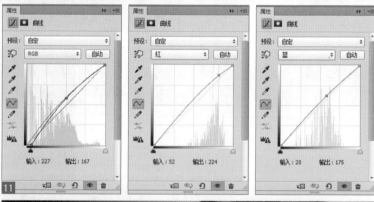

单击"图层"面板下方的"创建新的填充或调整图层" ◎.按钮，在下拉菜单中选择"曲线"，在打开的"属性"面板中调整曲线 13 14 。

选择曲线图层蒙版，按 Ctrl+I 组合键反相蒙版。然后单击工具箱中的"画笔工具"按钮，在选项栏中选择柔角画笔，设置前景色为白色，在画面中进行涂抹，显示部分区域 15 16 。

单击"图层"面板下方的"创建新的填充或调整图层" ◎.按钮，在下拉菜单中选择"曲线"，在打开的"属性"面板中调整曲线 17 18 。

选择曲线图层蒙版，单击工具箱中的"画笔工具"按钮，在选项栏中选择柔角画笔，设置前景色为黑色，在画面中进行涂抹，隐藏部分区域 19 20 。

单击"图层"面板下方的"创建新的填充或调整图层" ⊘. 按钮，在下拉菜单中选择"曲线"，在打开的"属性"面板中调整 RGB 通道和蓝色通道的曲线21 22。

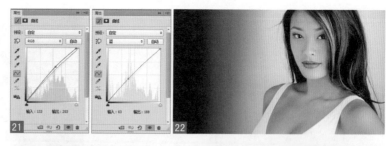

选择曲线图层蒙版，单击工具箱中的"画笔工具" ✍ 按钮，在选项栏中选择柔角画笔，设置前景色为黑色，在画面中的背景区域进行涂抹，隐藏部分区域23 24。

单击"图层"面板下方的"创建新的填充或调整图层" ⊘. 按钮，在下拉菜单中选择"渐变映射"，在打开的"属性"面板中设置由黑色到白色的渐变色25 26。

按 Shift+Ctrl+Alt+E 组合键盖印图层，执行"滤镜＞锐化＞USM 锐化"命令，在弹出的"USM 锐化"对话框中设置参数，然后单击"确定"按钮27 28。

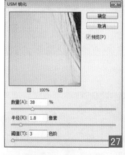

单击"图层"面板下方的"添加图层蒙版" ▣ 按钮添加图层蒙版，然后单击工具箱中的"画笔工具"按钮，在选项栏中选择柔角画笔，设置前景色为黑色，选择蒙版，在画面中进行涂抹，隐藏部分区域29 30。

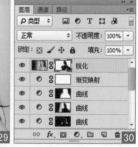

3.8 色相、饱和度及综合调色

本案例主要讲解利用"色相/饱和度"针对色相、饱和度、明度对图像
中的各个颜色进行调整。

难易程度：★★★☆☆

原始文件：	Chapter 03/Media/3-8.psd
最终文件：	Chapter 03/Complete/3-8.psd
视频文件：	Chapter 03/3-8.avi

01 导入素材

本小节主要对素材图片进行了导入和复制，并对图片的偏色进行了分析。

通过"色相／饱和度"校正图像中存在的偏色是一个常见的方法，主要原理在于首先确定画面中偏色的具体色域，然后有针对性地进行调整。在本案例中，人物面部的肤色有一些偏红，因此在红色通道中确定偏色的准确色域，通过"色相／饱和度"的调整使之趋于正常，这是一个既准确又高效的校色方法。

执行"文件 > 打开"命令，在弹出的"打开"对话框中选择素材文件，单击"打开"按钮将其打开 01。

按 Ctrl+J 组合键复制背景图层 02。

案例效果对比

02　精细修图

本小节主要对背景素材进行"色相／饱和度"的调整，针对图像中的色相、饱和度和明度进行调整。

单击"图层"面板下方的"创建新的填充或调整图层"⊙.按钮，在下拉菜单中选择"色阶"，在打开的"属性"面板中设置参数 03　04。

单击"图层"面板下方的"创建新的填充或调整图层"⊙.按钮，在下拉菜单中选择"色相／饱和度"，在打开的"属性"面板中选择红色，设置参数 05　06。

单击工具箱中的"画笔工具"✔.按钮，在选项栏中选择柔角画笔，设置前景色为黑色，在蒙版中擦出人物脸部的部分区域 07　08。

按 Shift+Ctrl+Alt+E 组合键盖印图层，之后按 Ctrl+Alt+2 组合键载入图片高光选区，再按 Shift+Ctrl+I 组合键反向选区09。

单击"图层"面板下方的"创建新的填充或调整图层" ⊘.按钮，在下拉菜单中选择"曲线"，在打开的"属性"面板中调整曲线10 11。

单击工具箱中的"钢笔工具" ⊘.按钮，在选项栏中选择工具的模式为"路径"，绘制出人物唇部路径，然后按 Ctrl+Enter 组合键将路径转化为选区12。

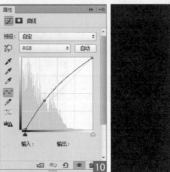

单击"图层"面板下方的"创建新的填充或调整图层" ⊘.按钮，在下拉菜单中选择"曲线"，在打开的"属性"面板中分别调整各个通道的曲线13 14。

再次单击"图层"面板下方的"创建新的填充或调整图层" ⊘.按钮，在下拉菜单中选择"曲线"，在打开的"属性"面板中调整蓝色通道的曲线15，从而调整画面的整体颜色16。

继续单击"图层"面板下方的"创建新的填充或调整图层" ⊘.按钮，在下拉菜单中选择"曲线"，在打开的"属性"面板中分别调整 RGB、绿色、蓝色通道的曲线17 18。

单击工具箱中的"画笔工具" ![画笔]按钮，在选项栏中选择柔角画笔，设置前景色为黑色，调整画笔不透明度，在蒙版中擦出人物区域 19。

单击工具箱中的"钢笔工具" ![钢笔]按钮，在选项栏中选择工具的模式为"路径"，绘制出人物胳膊路径，然后按 Ctrl+Enter 组合键将路径转化为选区 20。

单击"图层"面板下方的"创建新的填充或调整图层" ![按钮]按钮，在下拉菜单中选择"曲线"，在打开的"属性"面板中分别调整 RGB 通道和蓝色通道的曲线 21 22 23。

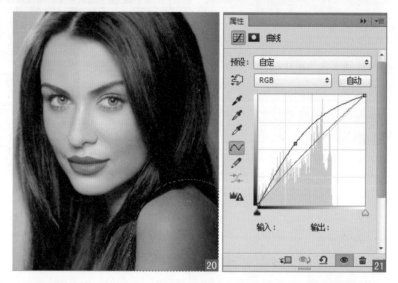

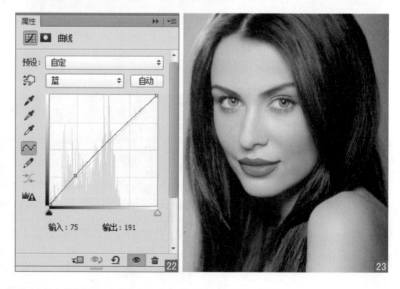

单击工具箱中的"钢笔工具" ✐.按钮，在选项栏中选择工具的模式为"路径"，绘制出人物眼球路径，然后按 Ctrl+Enter 组合键将路径转化为选区24。

单击"图层"面板下方的"创建新的填充或调整图层" ◐.按钮，在下拉菜单中选择"曲线"，在打开的"属性"面板中分别调整各个通道的曲线25 26，然后利用相似的方法调整另一个眼球的颜色27。

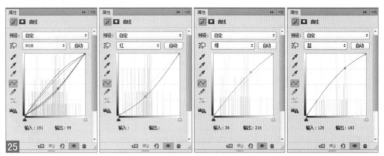

案例到这里基本上结束了，接下来可以利用中灰柔光图层使人物脸部的轮廓显得更加立体、深邃28。

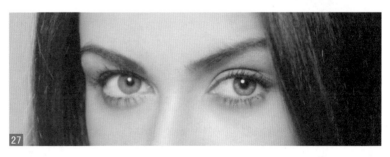

Chapter
04

数码照片抠图

为什么要抠图呢？原因很单，是为了提取照片中的素材比如画面很复杂时，我们要提画面中的重点人物，或给某个体换个背景。最简单的抠图莫于抠取界限清晰的图像，有难的是操作那些具有半透明或复画面的照片，下面我们从易到来学习抠图。

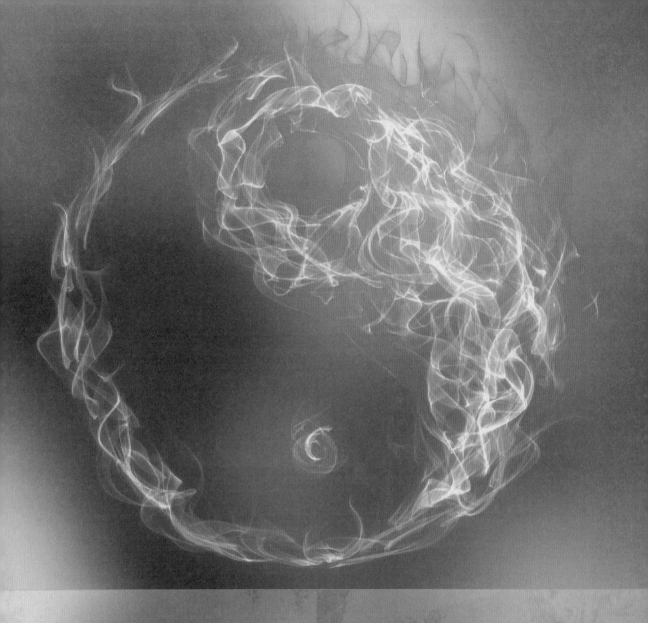

4.1 　烟雾火焰抠图

本案例主要讲解火焰通道抠图,烟雾火焰的边缘很不规则,如果使用钢笔工具抠图会很麻烦,本例学习的是利用"红、绿、蓝"三色通道快速抠图。

难易程度:★★☆☆☆

原始文件:	Chapter 04/Media/4-1-1.jpg、4-1-2.jpg
最终文件:	Chapter 04/Complete/4-1.psd
视频文件:	Chapter 04/4-1.avi

01 导入素材并解析设计思路

导入素材图片之后我们主要对图像抠像的方法进行了分析，通过使用"红、绿、蓝"3个通道进行抠图。

烟雾火焰本身具有的特点非常明显，其边缘很不规则，更重要的是具有半透明的效果，此时要想利用钢笔工具抠图显然是不可能的。

通道在抠图方面的应用范围非常广泛，利用通道中的"红、绿、蓝"三色通道可以简单、快捷地解决棘手的半透明烟雾火焰抠图。

在本例中，分别将"红、绿、蓝"通道中的选区载入，再回到"图层"面板中分别为三色选区填充对应的红、绿、蓝三色，这一步的作用是分别将"红、绿、蓝"三色通道中的火焰抠出。

最后通过调整图层混合模式与不透明度完成烟雾火焰抠图。

执行"文件＞打开"命令，在弹出的"打开"对话框中选择素材文件，单击"打开"按钮将其打开01 02。

在"图层"面板组中单击"通道"按钮转到"通道"面板，然后单击"红"通道图层选中红色通道03 04。

案例效果对比

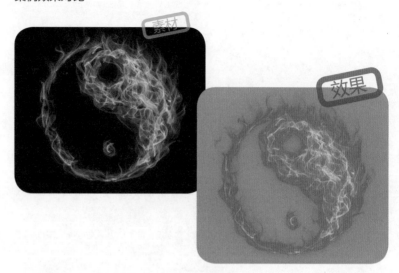

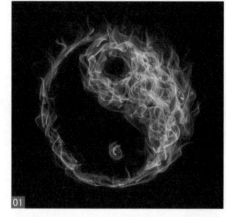

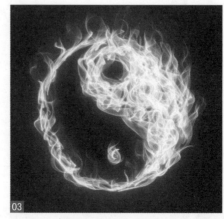

02　通过通道抠图

本小节主要在"通道"面板中分别对"红、绿、蓝"三色通道中的火焰利用选区进行抠图，然后将抠取的图层叠加在一起，从而抠取完整的火焰。

在按下 Ctrl 键的同时单击红色通道缩略图，载入红色通道选区05。回到"图层"面板中，新建图层，设置前景色为红色（R：255，G：0，B：0），按 Alt+Delete 组合键为选区填充颜色，按 Ctrl+D 组合键取消选区，然后单击"背景"前面的"指示图层可见性" 👁 按钮隐藏图层，查看效果06 07。

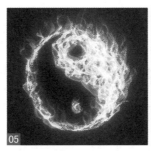 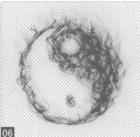 

隐藏"图层 1"图层，选择并显示"背景"图层，然后单击"通道"按钮转到"通道"面板中，载入绿色通道选区08。回到"图层"面板中新建图层，设置前景色为绿色（R：0，G：255，B：0），为选区填充颜色，然后取消选区。接着设置图层混合模式为滤色，隐藏背景，显示"图层 1"查看效果09 10。

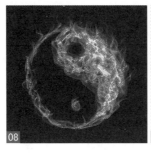  

隐藏"图层 1"、"图层 2"图层，选择并显示"背景"图层，然后单击"通道"按钮转到"通道"面板中，载入蓝色通道选区11。回到"图层"面板中，新建图层，设置前景色为蓝色（R：0，G：0，B：255），为选区填充颜色，并取消选区。接着设置图层混合模式为"滤色"、不透明度为 50%，并隐藏"背景"图层，显示其他图层12 13。

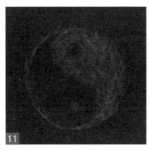 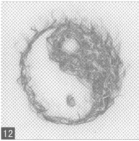 

执行"文件＞打开"命令，打开素材文件，将其拖曳至场景文件中，并移动图层到"背景"图层上方14 15。

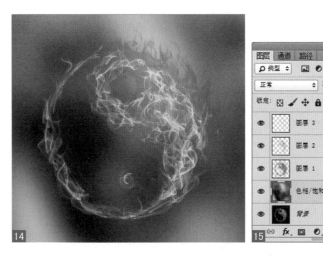

4.2 透明物体抠图

在本案例中对透明物体抠图使用的是通道抠图的方法在"通道"面板的红、绿、蓝三个通道中分别调出玻璃杯选区，然后对调出的选区进行重新组合来完成玻璃杯的抠图。

难易程度：★★★☆☆

原始文件：	Chapter 04/Media/4-2.jpg
最终文件：	Chapter 04/Complete/4-2.psd
视频文件：	Chapter 04/4-2.avi

01 创建选区并填充颜色

本小节主要调出了玻璃杯红通道中的选区，之后新建图层并为图层填充红色。

玻璃杯的抠图和上一案例中的火焰抠图相似，都属于通过常规的方法难以界定选区的情况。此时需要借助于通道在 3 个色彩通道中分别调出玻璃杯的选区，然后进行复制，最后进行重新组合就完成了玻璃杯的抠图过程。学习到这里，大家应该对通道有了一个深刻的认识，所谓通道，其最主要的作用在于选区的确定，尤其是比较复杂的选区的调取。

执行"文件＞打开"命令，在弹出的"打开"对话框中选择素材文件，单击"打开"按钮将其打开 01。

复制"背景"图层，在"通道"面板中按住 Ctrl 键选择"红"通道，创建选区，然后按 Ctrl+C 组合键进行复制，回到"图层"面板中，按 Ctrl+V 组合键进行粘贴。将复制的图层名称修改为"红"，继续按住 Ctrl 键选择"红"图层，创建选区，设置前景色为红色（R：255，G：0，B：0），按 Alt+Delete 组合键为选区填充颜色，按 Ctrl+D 组合键取消选区，并设置该图层的混合模式为"滤色" 02 03。

案例效果对比

02　抠图与换背景

本小节先分通道确定选区，再回到图层中新建图层并填充对应颜色，然后设置混合模式完成抠图。

继续在"通道"面板中按住 Ctrl 键选择"蓝"通道，创建选区，按 Ctrl+C 组合键进行复制，然后回到"图层"面板中，按 Ctrl+V 组合键进行粘贴。将复制的图层名称修改为"蓝"，继续按住 Ctrl 键选择"蓝"图层，创建选区，设置前景色为蓝色（R：0，G：0，B：255），按 Alt+Delete 组合键为选区填充颜色，按 Ctrl+D 组合键取消选区，并设置该图层的混合模式为"滤色" 04 05 。

继续在"通道"面板中按住 Ctrl 键选择"绿"通道，创建选区，按 Ctrl+C 组合键进行复制，然后回到"图层"面板中，按 Ctrl+V 组合键进行粘贴。将复制的图层名称修改为"绿"，继续按住 Ctrl 键选择"绿"图层，创建选区，设置前景色为绿色（R：0，G：255，B：0），按 Alt+Delete 组合键为选区填充颜色，按 Ctrl+D 组合键取消选区，并设置该图层的混合模式为"滤色" 06 07 。

新建一个图层，为其填充渐变色，案例完成 08 09 。

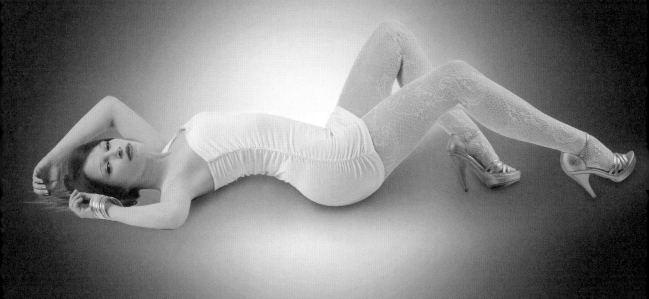

4.3 简单抠图

在图像合成中往往涉及到了抠图的处理，当然抠图的方法有很多种，例如用钢笔直接抠图，或者通过添加蒙版的方式进行抠图或者通过通道建立选区的方式进行抠图等，具体方法需要根据图像本身的特点来定。

难易程度：★★★☆☆

原始文件：	Chapter 04/Media/4-3.jpg
最终文件：	Chapter 04/Complete/4-3.psd
视频文件：	Chapter 04/4-3.avi

01 提亮暗部

本小节主要使用"魔棒工具"选择暗部，之后通过复制图层并设置图层的混合模式和不透明度来提亮暗部。

本案例是一个典型的棚拍剪影效果，由于图像中人物的边缘十分清晰，因此只需要使用钢笔工具抠图即可，接下来再进行背景的更换。需要注意的是，细节部分的抠取应该耐心一些，这样视觉效果才会更佳。

执行"文件 > 打开"命令，在弹出的"打开"对话框中选择素材文件，单击"打开"按钮将其打开01 02。

复制"背景"图层，将人物的脖子部位使用魔棒工具进行选取并复制，然后设置图层的混合模式为"滤色"、不透明度为53%，再创建一个"色相/饱和度"图层设置参数，将脖子部位进行提亮03 04。

案例效果对比

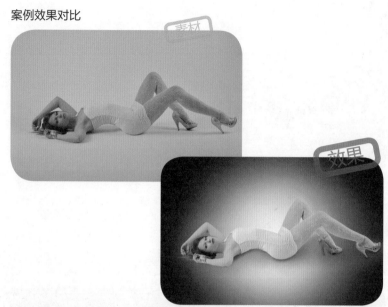

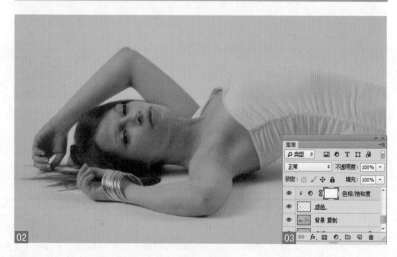

02 为素材添加背景

本小节首先使用钢笔工具将人物进行抠取，然后为人物添加一
个渐变背景，再为人物添加阴影。

盖印可见图层，然后单击工
具箱中的"钢笔工具"按钮，在
选项栏中设置工作模式为"路
径"，将人物进行抠取，在"人
像抠图"图层之下创建一个渐变
背景04 05。

单击"图层"面板下方的"创
建新的填充或调整图层"○.按钮，
在弹出的下拉菜单中选择"曲线"
选项，在打开的"属性"面板中
设置曲线参数06 07 08。

新建"阴影"图层，单击工
具箱中的"画笔工具"按钮，选
择一个柔一点的画笔笔触为人物
绘制阴影，然后创建剪贴蒙版，
将绘制的多余阴影进行隐藏09
10。

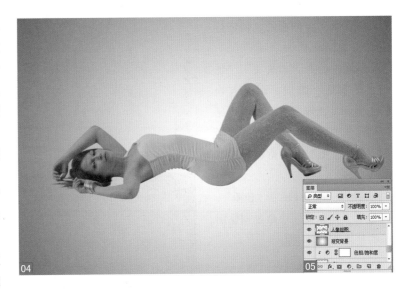

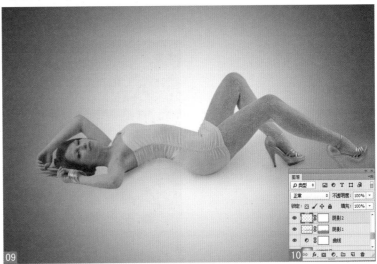

03 调整画面色调

本小节主要添加"曲线""色阶""色相／饱和度"图层对画面的整体色调进行调整，再为人物部分区域加色。

创建一个"曲线"图层，设置曲线参数，将画面的色调进行调整 11 12 13 。

添加"色阶""曲线""色相／饱和度"图层，调整人物的色调和亮度等，然后盖印可见图层，修整人物瑕疵，再继续添加"色阶"图层，并添加效果 14 15 。

最后使用"曲线"、"色阶"、"色相／饱和度"等命令调整图像的整体色调 16 17 。

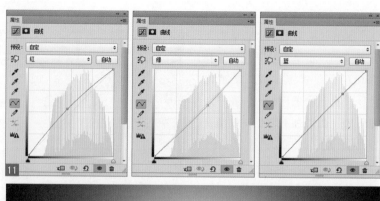

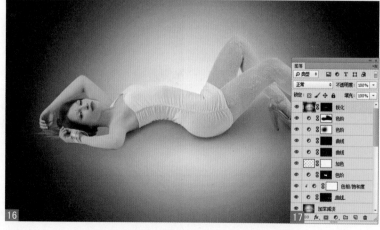

4.4 复杂背景抠图

在抠图过程中，方法是多种多样的，尤其当我们遇到背景较为复杂的抠图时更是如此。通常，我们会用到调整边缘、通道、画笔以及添加蒙版等方法，但是不论使用哪种方法都能使图像达到较好的视觉效果。

难易程度：★★★☆☆

原始文件：	Chapter 04/Media/4-4.jpg
最终文件：	Chapter 04/Complete/4-4.psd
视频文件：	Chapter 04/4-4.avi

01 修改构图

本小节主要是对素材图片进行缩放处理，使素材图片的背景更加完整。

在抠图过程中，方法是多种多样的，尤其当我们遇到背景较为复杂的抠图时更是如此。通常，我们会用到调整边缘、通道、画笔以及添加蒙版等方法，但是不论使用哪种方法都能使图像达到较好的视觉效果。本案例使用通道和钢笔工具进行抠图。

执行"文件 > 打开"命令，在弹出的"打开"对话框中选择素材文件，单击"打开"按钮将其打开 01 02。

复制"背景"图层，将复制的图层名称修改为"构图"，然后按 Ctrl+T 组合键将图像进行缩放，按 Enter 键完成 03 04。

案例效果对比

02 添加背景

本小节先为人物添加渐变背景，再来制作阴影效果。

新建"渐变背景"图层，单击工具箱中的"渐变工具" ■. 按钮，在选项栏中选择"径向渐变"，设置渐变色为灰色（R：128，G：128，B：128）到白色，在页面上拖曳鼠标为其填充颜色 05 06 。

单击"图层"面板下方的"创建新的填充或调整图层" ◑. 按钮，在弹出的下拉菜单中选择"曲线"选项，在打开的"属性"面板中设置曲线参数 07 08 09 。

复制"构图"图层，将复制的图层名称修改为"阴影"，然后在"图层"面板下方单击"添加图层蒙版" ◉ 按钮为其添加图层蒙版，设置前景色为黑色，设置画笔的笔触将部分图像进行隐藏 10 11 。

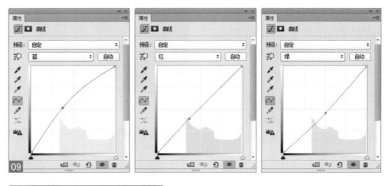

03　对人物进行抠图与调色

本小节主要使用"钢笔工具"对人物进行抠图，再利用"通道"面板将人物的头发进行抠图，接着添加"曲线""色彩平衡""色阶"等图层调整画面的整体色调。

单击"图层"面板下方的"创建新的填充或调整图层"按钮，在弹出的下拉菜单中选择"曲线"选项，在打开的"属性"面板中设置曲线参数，这里按下"此调整剪切到此图层"按钮，将该"曲线"图层只作用于下方的"阴影"图层 12 13 14。

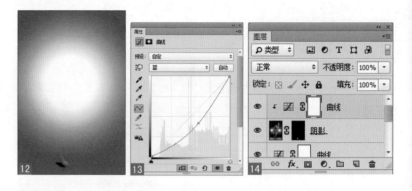

复制"构图"图层，将复制的图层名称修改为"人像抠图"。单击工具箱中的"钢笔工具"按钮，在选项栏中设置工作模式为"路径"，在页面上沿着人物的形体绘制路径，在路径绘制完成后，按 Ctrl+Enter 组合键将路径转换为选区，按 Ctrl+Shift+I 组合键将选区进行反选，并按 Delete 键将背景删除 15 16。

将图层隐藏，只显示"人像抠图"图层。单击工具箱中的"套索工具"按钮，将人物的头发进行框选，然后按 Ctrl+J 组合键复制得到"图层 1"图层。在"通道"面板中将红通道进行复制，然后选择"红拷贝"通道，按 Ctrl+L 组合键在弹出的"色阶"对话框中设置色阶参数，使白色变得更白，使黑色变得更黑。单击工具箱中的"快速选择工具"按钮，将头发进行选择，将选区进行反选，然后选择 RGB 通道，按 Delete 键将图像部分删除。在"图层"面板中显示所有图层，将"人像抠图"图层和"图层 1"图层进行合并 17 18。

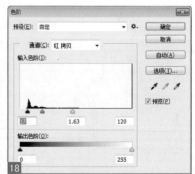

选择"人像图层",执行"图像 > 调整 > 曲线"命令,在弹出的"曲线"对话框中设置曲线参数19 20。

案例到这里完成了复杂背景的抠图,接下来对人物的细节进行调整,利用"曲线""色阶""色彩平衡"等命令调整人物的肤色21 22。

继续对人物的肤色进一步调整,并对人物的形体进行调整23 24。

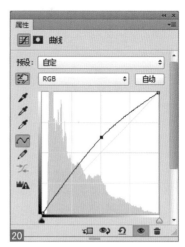

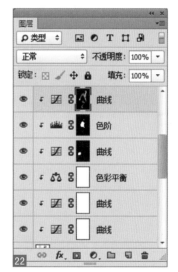

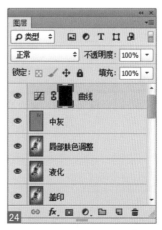

4.5 半透明抠图

半透明抠图和玻璃杯抠图的方法是相同的，都是在"通道"面板中分别调出物体在三个通道中的选区，然后填充相应的颜色并重新组合。

难易程度：★★★☆☆

原始文件:	Chapter 04/Media/4-5.jpg
最终文件:	Chapter 04/Complete/4-5.psd
视频文件:	Chapter 04/4-5.avi

01　调出选区并填充颜色

和玻璃杯抠图的方法是相似的，婚纱抠图也是在通道面板中调出红、绿、蓝3个通道并分别填充相应颜色。

本案例同样是一个典型的棚拍剪影效果，由于图像中人物的边缘十分清晰，因此和之前介绍的方法一样，只需要使用钢笔工具抠图即可，接下来再进行背景的更换。需要注意的是，细节部分的抠取应该耐心一些，这样视觉效果才会更佳。

执行"文件＞打开"命令，在弹出的"打开"对话框中选择素材文件，单击"打开"按钮将其打开 01 02 。

复制"背景"图层，在"通道"面板中按住 Ctrl 键选择"红"通道创建选区，然后按 Ctrl+C 组合键进行复制，回到"图层"面板中按 Ctrl+V 组合键进行粘贴。将复制的图层名称修改为"红"，继续按住 Ctrl 键选择"红"图层，创建选区，设置前景色为红色(R：255，G：0，B：0)，然后按 Alt+Delete 组合键为选区填充颜色，按 Ctrl+D 组合键取消选区，并设置该图层的混合模式为"滤色" 03 04 。

案例效果对比

02 将人物进行抠图

本小节主要使用钢笔工具将人物进行抠图，以便更换背景。

使用同样的方法分别将"绿"通道和"蓝"通道抠出 05 06。

复制"背景"图层，将复制的图层名称修改为"人像抠图"。单击工具箱中的"钢笔工具" ⬢. 按钮，在选项栏中设置工作模式为"路径"，对人物绘制封闭路径，头纱处可以大致抠出。在路径绘制完成后，按 Ctrl+Enter 组合键将路径转换为选区，按 Ctrl+Shift+I 组合键进行反向选择，然后按 Delete 键删除背景 07 08。

为"人像抠图"图层创建图层蒙版，设置前景色为黑色，然后使用画笔工具在人物的头纱处进行适当涂抹，隐藏部分图像 09 10。

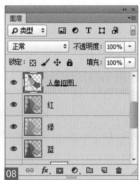

03　更换背景与调色

利用通道将人物的头纱进行抠图，然后更换背景，最后添加"曲线"图层对画面的局部进行调色。

为图像添加渐变背景，首先新建图层，然后使用渐变工具填充渐变色，再添加一个"曲线"图层，设置参数，调整图像的色调11 12。

在"人像抠图"之上创建一个"曲线"图层并设置参数，使其只作用于"人像抠图"图层，在"图层"面板中将曲线的不透明度调整为28% 13 14。

盖印可见图层，执行"滤镜＞锐化＞USM 锐化"命令，在弹出的"锐化"对话框中设置参数，然后单击"确定"按钮完成，使人物的轮廓更加明显，接着创建一个"曲线"图层，设置参数，调整图像的暗部区域15 16。

4.6　发丝抠图

在人像的抠图中经常会遇到对发丝的抠图处理，这属于复杂选区的
抠图，因此需要借助通道。需要注意的是，在通道中首先通过调整色
阶或者曲线来加大发丝本身的对比度；以使下一步选区的确立更加
精确。

难易程度：★★★☆☆

原始文件：	Chapter 04/Media/4-6.psd
最终文件：	Chapter 04/Complete/4-6.psd
视频文件：	Chapter 04/4-6.avi

01　添加渐变背景

本小节制作了紫色到白色的径向渐变背景效果，使用到的工具是"渐变工具"。

为了使发丝抠取得更为精细，可以进行多次操作，直到达到预期的效果。在本案例中，抠图大致可以分为两部分，首先是人物身体部分的抠图，由于边缘清晰，我们可以通过常规的方法进行抠图；另一部分是发丝的抠图，可以通过通道对发丝部分进行处理。最后换上合适的背景。

执行"文件＞打开"命令，在弹出的"打开"对话框中选择素材文件，单击"打开"按钮将其打开 01 02。

复制"背景"图层，新建一个"渐变背景"图层 03 04。

案例效果对比

02　添加背景

首先为人物添加背景，然后将人物进行抠图，并为人物制作阴影效果。

继续复制"背景"图层，将复制的图层名称修改为"人物倒影"，按住 Alt 键添加反相蒙版，并设置前景色为白色，然后使用画笔工具在人物的鞋子部分进行适当涂抹，将部分鞋子显示，设置该图层的混合模式为"颜色加深" 05 06。

使用钢笔工具将人物的身体进行抠图 07 08。

继续复制人物到一个新的图层，在"通道"面板中观察通道，选择一个对比度较强的通道，这里我们选择"蓝"通道，将"蓝"通道进行复制，然后选择复制的"蓝拷贝"通道，按 Ctrl+L 组合键，在弹出的"色阶"对话框中设置参数，使对比度更加分明。设置完成后，使用快速选择工具将头发进行选择，按 Ctrl+Shift+I 组合键将选区进行反向，按 Delete 键删除不需要的图像，此时回到"图层"面板即可看到人物的头发已经被细致的抠出 09 10 11 12。

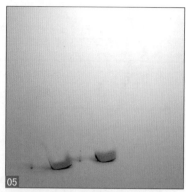

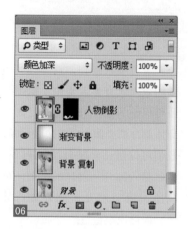

03　调整画面色调

先将人物的皮肤进行处理，然后添加"曲线""色阶""色相／饱和度"等图层，将画面的色调进行调整。

将人物进行重新构图，使用液化工具对人物的形体进行修整，再对皮肤进行适当的磨皮处理13　14。

添加"曲线""色阶""色相／饱和度"等图层，对图像的色调进行调整15　16。

最后添加"中灰"、"曲线"图层，对人物的细节进行调整，本案例制作完成17　18。

13

14

15

16

17

18

Chapter
05

数码照片合成

　　数码照片合成是一个奇妙
工作，能够产生"无中生有"
效果，可以将多个元素组合在
起变成一幅看似逼真、可信的
面。上一章的抠图技术是本章
成技术的前提，只有有效地得
想要的素材才能进行合成。本
就展示了不同情况下的合成，
章案例的难度由浅到深进行
列，当然读者也可以根据自
的兴趣单独学习某一合成
目，这些案例也是相对
立的。

5.1 对图像进行简单合成处理

本案例主要讲解利用画笔工具和图层蒙版将两张照片拼合成一张照片。

难易程度：★★★☆☆

原始文件：	Chapter 05/Media/5-1.jpg
最终文件：	Chapter 05/Complete/5-1.psd
视频文件：	Chapter 05/5-1.avi

01 导入素材分析原图

本小节主要对原图进行了分析,讲解了制作的技巧和方法。

大家可能经常在生活中遇到这样的问题,照了一张很好看也令自己很满意的照片,但是美中不足的是天怎么灰蒙蒙的,或者是地怎么光秃秃的,地上的草这一块那一块的很难看。

这时就需要对图像做一些修正,本例中讲解的就是将一张天空好看的照片和一张人像好看的照片通过添加图层蒙版和在蒙版上利用渐变工具创建渐变使真景、假景完美融合。

执行"文件 > 打开"命令,在弹出的"打开"对话框中选择素材文件,单击"打开"按钮将其打开01。

按 Ctrl+J 组合键复制背景图层02。

案例效果对比

02　融图

本小节主要讲解怎样利用蒙版和画笔工具融图，将真景图层放置在假景图层下方，通过对假景图层添加蒙版进行融图。

执行"文件＞打开"命令，在弹出的"打开"对话框中选择素材文件，单击"打开"按钮将其打开 03 04 。

单击"图层"面板下方的"添加图层蒙版" ▣ 按钮，为图层添加蒙版。然后单击工具箱中的"画笔工具" ▱ 按钮，在选项栏中选择柔角画笔，设置前景色为黑色，在图层蒙版中进行涂抹，使天空与背景融合 05 06 。

单击"图层"面板下方的"创建新的填充或调整图层" ◐. 按钮，在下拉菜单中选择"色相／饱和度"，在打开的"属性"面板中分别设置青色和蓝色的参数 07 08 09 。

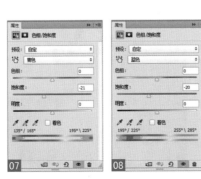

03 色调调整

本小节主要通过添加"可选颜色""曲线"等针对图片色调进行调整。

单击"图层"面板下方的"创建新的填充或调整图层" ◎.按钮，在下拉菜单中选择"可选颜色"，在打开的"属性"面板中分别设置青色和蓝色的参数 10 11 12。

单击"图层"面板下方的"创建新的填充或调整图层" ◎.按钮，在下拉菜单中选择"曲线"，在打开的"属性"面板中分别调整红、绿、蓝三色通道的曲线 13 14 15 16。

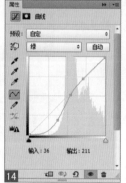
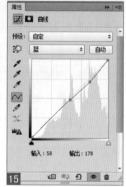

单击"图层"面板下方的"创建新的填充或调整图层"按钮，在下拉菜单中选择"渐变映射"，在打开的"属性"面板中分别设置渐变条为由黑到白 17 18 。

单击工具箱中的"画笔工具" ✍ 按钮，在选项栏中选择柔角画笔，设置前景色为黑色，在图层蒙版中进行涂抹 19 20 。

按 Shift+Ctrl+Alt+E 组合键盖印图层 21 22 。

按 Ctrl+J 组合键复制图层，然后单击工具箱中的"加深工具"  按钮，调整画笔大小，在画面中进行涂抹，加深部分图像颜色 23 24。

按 Shift+Ctrl+Alt+E 组合键盖印图层，执行"滤镜＞模糊＞高斯模糊"命令，在弹出的"高斯模糊"对话框中设置参数，单击"确定"按钮结束 25 26。

设置图层的混合模式为"柔光"，单击"图层"面板下方的"添加图层蒙版"  按钮，为图层添加蒙版。然后单击工具箱中的"画笔工具" 按钮，在选项栏中选择柔角画笔，设置前景色为黑色，在图层蒙版中进行涂抹 27 28。

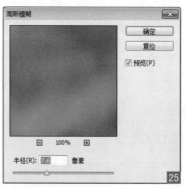

5.2 暴风雨来袭

本例制作一个半身合成效果，由于半身人像的合成并不涉及人物倒影的调节等，因此也属于比较简单的一种合成，但如果想将半身人像的合成做得更有新意，则是需要花费更多时间和精力去思考的一个问题。

难易程度：★★★★☆

原始文件：	Chapter 05/Media/5-2-1.jpg~5-2-4.jpg
最终文件：	Chapter 05/Complete/5-2.psd
视频文件：	Chapter 05/5-2.avi

01 新建文档

本小节通过执行"文件 > 新建"命令，新建了一个符合本案例制作要求的空白文档。

在半身合成的过程中需要用到不同方法，不论使用哪种方法都应该基于对各个素材的仔细观察以及对合成图像的认真构思。在具体的操作过程中还应该注意素材之间的紧密结合，这里所说的紧密结合大家应该有一个正确的认识，它主要指素材衔接的精细程度。除此之外，色调的调整也是操作的一个重点，可以根据图像整体的风格对画面的色调进行统一，以及对光影进行重塑，力求使作品达到较好的视觉效果。

执行"文件 > 新建"命令，新建一个 1 600×1 084 像素的空白文档 01 02 。

使用的原素材

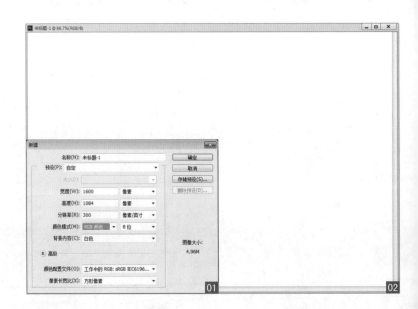

02　确定主色调

首先导入背景素材，执行"动感模糊"命令，然后添加"照片滤镜"，调整背景素材的色调。

执行"文件＞打开"命令，在弹出的"打开"对话框中选择素材文件打开，并将背景素材文件拖曳至场景文件中 03。

按 Ctrl+T 组合键，然后右击画面，在弹出的快捷菜单中选择"水平翻转"命令，自由变化放大图像，再将图像竖向压缩为适合画布的横图，按 Enter 键结束 04。

执行"滤镜＞模糊＞动感模糊"命令，在弹出的"动感模糊"对话框中设置参数 05，单击"确定"按钮结束 06。

单击"图层"面板下方的"创建新的填充或调整图层" 按钮，在下拉菜单中选择"照片滤镜"，在打开的"属性"面板中设置参数 07，改变图像的整体色调 08。

添加"曲线"，在"属性"面板中调整 RGB、绿、蓝通道的曲线，然后单击面板下方的"此调整剪切到此图层"按钮，使曲线图层只作用于下方图层 09，接着选中曲线蒙版，选择黑色柔角画笔在画面四周进行涂抹，效果如图所示 10 11。

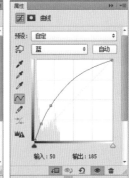

03　拼合素材

导入人像素材，为人像素材做模糊边缘效果。

执行"文件＞打开"命令，在弹出的"打开"对话框中选择燕子素材文件打开，并将素材文件拖曳到场景中自由变化位置、大小 12。

执行"滤镜＞模糊＞动感模糊"命令，在弹出的"动感模糊"对话框中设置参数 13，单击"确定"按钮结束，并设置图层的不透明度为95% 14。

打开人物图像素材，将其拖曳到场景文件中，自由变化图像大小并移动到合适的位置，效果如图所示 15。

复制人像图层，执行"滤镜＞模糊＞高斯模糊"命令，在弹出的"高斯模糊"对话框中设置参数 16，单击"确定"按钮结束 17。

添加图层蒙版，选择黑色柔角画笔在画面中人物部分除人物边缘以外的区域进行涂抹，使人物的边缘模糊 18 19。

04 调整整体色调

添加"曲线""色阶""色相／饱和度"命令调整图片色调。

添加"曲线",在"属性"面板中调整 RGB、红、绿、蓝通道的曲线20,改变图像的整体色调21。

添加"色阶",在"属性"面板中设置参数22,对图像的色调进行进一步调整23。

添加"色相／饱和度",在"属性"面板中设置参数24 25,降低图像的饱和度26。

添加"曲线"，在打开的"属性"面板中调整 RGB、绿、蓝通道的曲线27，然后选中曲线蒙版，选择黑色柔角画笔对画面中除天空亮光部位以外的区域进行擦拭，提亮亮光部位28　29。

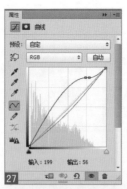 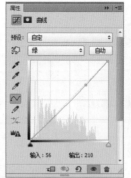 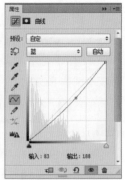

再次添加"曲线"，在打开的"属性"面板中调整红通道和绿通道的曲线30　31，压暗图像的整体颜色32。

新建图层，设置前景色为中灰色（R：128，G：128，B：128），按 Alt+Delete 组合键为图层填充颜色，并设置图层的混合模式为"柔光"。选择黑色柔角画笔，降低画笔的不透明度，在画面中的左侧地面上进行涂抹加重阴影，在人物身体右侧从下巴到胸部的高光处进行涂抹压暗亮光。选择白色柔角画笔，降低画笔的不透明度，在画面右侧地面上涂抹减淡地面的阴影33　34。

添加"色相／饱和度"，在打开的"属性"面板中设置红色、黄色和绿色的参数35，降低图像的饱和度36。

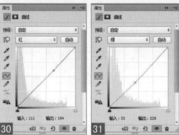 

 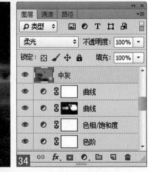

盖印图层，然后执行"滤镜
＞锐化＞USM 锐化"命令，在
弹出的"UCM 锐化"对话框中
设置参数37，单击"确定"按钮
结束，效果如图所示38。

添加反相蒙版，选择白色柔
角画笔在图像中留出人物边缘，
在人物内部涂抹，为人物制作
模糊的边缘，效果如图所示39
40。

复制燕子素材图层，将其移
动到图像顶部，然后按 Ctrl+I 组
合键将图层反相，执行"滤镜＞
模糊＞动感模糊"命令，在"动
感模糊"对话框中设置参数，单
击"确定"按钮结束，效果如图
所示41 42。

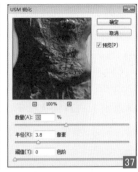

添加"色相／饱和度"，在打开的"属性"面板中设置参数 43，然后选中色相／饱和度图层蒙版，选择黑色柔角画笔，在画面中人物右侧皮肤的亮光处涂抹，降低图像整体的饱和度 44 45。

添加"曲线"，在打开的"属性"面板中设置 RGB 通道和蓝通道的曲线 46 47，然后选中曲线图层蒙版，按 Ctrl+I 组合键将蒙版反相，并选择白色柔角画笔在画面中图像中间的亮光区域以及画面底部的区域涂抹 48 49。

新建图层，为图层填充白色，然后设置图层的混合模式为"柔光"、不透明度为 29%，提亮图像整体，效果如图所示 50 51。

5.3 幽暗城堡

本案例是一个整体合成案例，在整体合成案例中要时刻注意近大远小的法则，并考虑素材与素材之间的关系。

难易程度：★★★★★

原始文件：	Chapter 05/Media/5-3-1.jpg~5-3-15.jpg
最终文件：	Chapter 05/Complete/5-3.psd
视频文件：	Chapter 05/5-3.avi

01 素材展示

本小节主要对案例效果图和所需要的素材进行了展示，因为本案例是合成案例，所以用到的素材比较多。

在整体合成中要注意各素材之间的远近关系以及相互衔接，另外，色调的统一也是关键。在本案例中需要注意城堡这一素材在画面中的位置是较远的，因此在素材的处理上可以做适当模糊，至于近处的素材可以尽可能处理得清晰一些。除此之外，还有光影的添加以及烟雾的添加，总之，所有素材的添加都是为了渲染整体画面的氛围，对于如何将现有的素材巧妙应用使其构成一幅不错的合成作品还需要认真的构思。

使用的原素材

02 调整背景色调

打开素材背景，通过添加"曲线"、"色彩平衡"调整图片色调，并在素材中心位置绘制高光。

执行"文件＞打开"命令，在弹出的"打开"对话框中选择背景素材文件将其打开01 02。

单击"图层"面板下方的"创建新的填充或调整图层" ⊘.按钮，在下拉菜单中选择"曲线"，在打开的"属性"面板中调整绿通道的曲线03，效果如图所示04。

添加"色彩平衡"，在打开的"属性"面板中设置中间调参数05，效果如图所示06。

单击工具箱中的"椭圆选框工具" ◯.按钮，在画面中绘制椭圆选区07。

按 Shift+F6 组合键，在弹出的"羽化"对话框中设置羽化半径参数，单击"确定"按钮结束08。然后新建图层，设置前景色为白色，按 Alt+Delete 组合键为选区填充白色，按 Ctrl+D 组合键取消选区09。

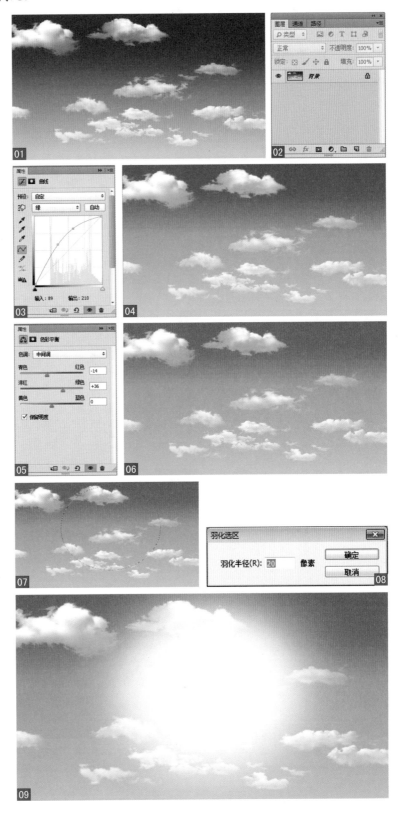

执行"文件＞打开"命令，在弹出的"打开"对话框中选择鸟素材文件打开，并将素材拖曳到场景文件中，移动到合适的位置10 。

单击"图层"面板下方的"创建新的填充或调整图层" ○.按钮，在下拉菜单中选择"自然饱和度"，在打开的"属性"面板中设置参数11，效果如图所示12。

添加"色相／饱和度"，在打开的"属性"面板中设置参数13，效果如图所示14。

执行"文件＞打开"命令，在弹出的"打开"对话框中选择山峦素材文件打开，并将素材拖曳到场景文件中，移动到合适的位置15。

03　拼合素材

导入素材，然后添加图层蒙版拼合素材，通过"色阶""色相／饱和度""曲线"等调整图层调整素材色调。

添加蒙版，选择黑色柔角画笔在画面上涂抹隐藏山峦素材中不需要的部分，让素材更好地融合到图像中 16 17 。

单击"图层"面板下方的"创建新的填充或调整图层" ⚫. 按钮，在下拉菜单中选择"色阶"，在打开的"属性"面板中设置参数，然后单击面板下方的"此调整剪切到此图层" 按钮，使色阶图层只作用于下方图层 18 ，效果如图所示 19 。

添加"色相／饱和度"，在打开的"属性"面板中设置参数，然后单击面板下方的"此调整剪切到此图层" 按钮，使色相／饱和度图层只作用于下方图层 20 ，效果如图所示 21 。

导入瀑布素材，添加蒙版，然后选择黑色柔角画笔，在画面中涂抹柔化素材边角，使素材融入图像 22 23 。

添加"曲线"，在打开的"属性"面板中调整曲线，然后单击面板下方的"此调整剪切到此图层" 按钮，使曲线图层只作用于下方图层 24 ，效果如图所示 25 。

单击"图层"面板下方的"创建新的填充或调整图层" ⊘. 按钮，在下拉菜单中选择"黑白…"，在打开的"属性"面板中设置参数，然后单击面板下方的"此调整剪切到此图层" ⬜ 按钮，使黑白图层只作用于下方图层26，效果如图所示27。

导入教堂素材，放到合适的位置，然后添加图层蒙版，利用黑色柔角画笔将素材边缘隐藏、柔化，效果如图所示28 29。

利用相似的方法导入其他素材，分别放置到合适的位置，效果如图所示30 31。

单击"图层"面板下方的"新建组"按钮创建一个新组，将教堂素材以及之后的所有素材拖入，然后添加蒙版，利用黑色柔角画笔在合成的房子主体边缘涂抹，柔化房子边缘，制作出朦胧效果32 33。

添加"黑白…"，在打开的"属性"面板中设置参数，然后单击面板下方的"此调整剪切到此图层" 按钮，使黑白图层只作用于下方图层 34，效果如图所示 35。

新建图层，选择白色柔角画笔并降低画笔的不透明度，然后在画面中央涂抹，效果如图所示 36。接着设置图层的不透明度为6%，制作出光效效果 37 38。

导入山头素材，利用蒙版和黑色柔角画笔隐藏不需要的部分 39 40。

添加"黑白…"，在打开的"属性"面板中设置参数，然后单击面板下方的"此调整剪切到此图层" 按钮，使黑白图层只作用于下方图层 41，效果如图所示 42。

利用相似的方法导入树枝、石头等素材，然后利用"黑白…"改变素材图像颜色，效果如图所示 43 44 。

打开并导入瀑布 2 素材移动到合适的位置，设置图层的不透明度为 63% 45 。

添加图层蒙版，然后选择黑色柔角画笔，在导入的瀑布素材上涂抹隐藏除流水之外的部分 46 47 。

新建图层，然后选择白色柔角画笔并降低画笔的不透明度，在图像下方涂抹，制作雾气效果 48 。

导入山头、树枝等素材，利用"黑白…"剪贴图层改变素材图像的颜色，效果如图所示49 50。

打开并导入狼素材移动到合适的位置，效果如图所示51。

添加"曲线"，在打开的"属性"面板中调整 RGB 通道和蓝通道的曲线，然后单击面板下方的"此调整剪切到此图层"按钮，使图层只作用于下方图层52，调整狼素材图层的色调，效果如图所示53 54。

添加"色相／饱和度"，在打开的"属性"面板中设置参数，然后单击面板下方的"此调整剪切到此图层"按钮，使图层只作用于下方图层55，调整狼素材图层的色相／饱和度，效果如图所示56。

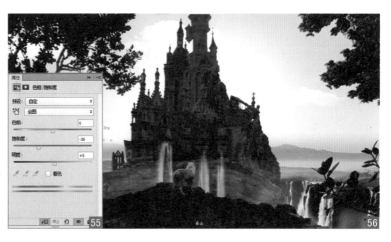

添加"亮度／对比度"，在
打开的"属性"面板中设置参数，
然后单击面板下方的"此调整剪
切到此图层" 按钮，使图层
只作用于下方图层57，调整狼素
材图层的亮度／对比度，效果如
图所示58。

打开并导入鸟 2 素材移动到
图像的右侧位置，效果如图所示
59。

添加图层蒙版，选择黑色柔
角画笔，在导入的瀑布素材上涂
抹隐藏除流水之外的部分。

添加"照片滤镜"，在打开
的"属性"面板中设置参数60，
改变图像的整体色调，效果如图
所示61。

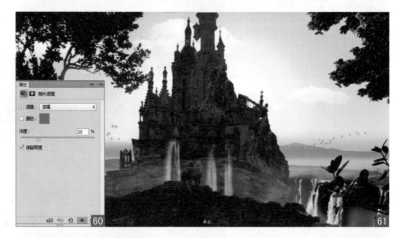

添加"色彩平衡"，在打开
的"属性"面板中设置中间调参
数62，最终效果如图所示63。

5.4 美丽精灵

本案例是一个人物合成的例子，在人物合成的案例中，所有的素材都是为人像服务的，应该格外注意色调的统一。

难易程度：★★★★★

原始文件：	Chapter 05/Media/5-4-1.jpg~5-4-8.jpg
最终文件：	Chapter 05/Complete/5-4.psd
视频文件：	Chapter 05/5-4.avi

01　素材展示

与上一个案例一样，本案例也是在该小节中对素材的效果图和素材图进行了展示。

全身人像的合成是比较复杂的，在操作过程中往往涉及人物和其他素材的融合，为了使最终作品看起来更加真实、自然不得不在光影的调整方面下一些功夫，当然其方法是多样的，例如通过调整光影的不透明度或者角度以及形状等来实现。在全身人像的合成中，一方面应该使各素材之间的衔接足够精细，另一方面除了人物本身的倒影之外还应该留意各素材的摆放角度以及相对应的光影的关系，具体的操作方法需要根据图像本身的特点来定，不可一概而论。

使用的原素材

02　制作背景

　　新建一个空白文档，导入天空背景素材，然后对素材做修饰，在素材上绘制高光。

　　执行"文件＞新建"命令，在弹出的"新建"对话框中新建一个 1 800×2 490 像素的空白文档 01　02。

　　执行"文件＞打开"命令，在弹出的"打开"对话框中选择天空素材文件并将其打开，将其拖曳到场景文件中，设置图层的不透明度为 69%，效果如图所示 03　04。

　　新建图层，为图层填充白色，然后添加反相蒙版，选择白色柔角画笔在画面中涂抹出柔边的亮光 05　06。

　　添加"亮度／对比度"，在打开的"属性"面板中设置参数 07　08。

　　添加"可选颜色"，在打开的"属性"面板中设置参数，改变图像的颜色 09　10　11。

03 拼合素材

导入素材，利用图层蒙版使素材之间相融合，并添加"曲线""色阶"等调整图层调整素材色调。

打开人像素材，将其拖曳到场景文件中，并移动到画面中央 12 。

添加图层蒙版，然后选择黑色柔角画笔，在画面中涂抹擦除不需要的部分 13 14 。

打开翅膀素材，将其拖曳到场景文件中，放置到合适的位置，然后将翅膀图层移动到人像图层下方 15 16 。

添加"曲线"，在打开的"属性"面板中调整曲线 17 ，然后选中曲线蒙版为其填充黑色，接着选择白色柔角画笔在画面中人像部位的高光处涂抹，从而提亮高光 18 19 。

添加"色阶"，在打开的"属性"面板中设置参数 20 ，然后选中色阶蒙版，选择黑色柔角画笔在画面中涂抹掩盖人像素材下方的瑕疵 21 22 。

添加"曲线"，在打开的"属性"面板中调整曲线，提亮图像 23 24 。

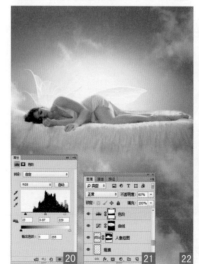

继续添加"色阶"，在打开的"属性"面板中设置参数，然后选中色阶蒙版，将其转换为反相蒙版，选择白色柔角画笔在画面中人物的上半身皮肤上涂抹，提亮人物上半身皮肤的颜色25 26 27。

打开月亮素材，将其拖曳到场景文件中，并移动到合适的位置28。

添加图层蒙版，然后选择黑色柔角画笔，在画面中涂抹擦除月亮四周的背景29 30。

添加"曲线"，在打开的"属性"面板中调整曲线，然后单击"属性"面板下方的"此调整剪切到此图层"按钮，使曲线图层只作用于下方的月亮素材图层，提亮月亮亮度31 32。

打开瀑布图层，将其拖曳到场景文件中，自由变化大小并移动到合适的位置33。

添加图层蒙版，然后选择黑色柔角画笔在画面中瀑布素材的上方涂抹，隐藏瀑布素材上方不需要的部分34 35。

04 调整整体色调

通过添加"曲线"、"色相/饱和度"等调整图层调整图片的色调。

利用相似的方法导入河流素材，放置在画面底部，使其与瀑布素材融合 36。

添加"曲线"，在打开的"属性"面板中调整曲线，压暗图像的整体颜色 37 38。

继续添加"曲线"，在打开的"属性"面板中调整 RGB、红、绿、蓝通道的曲线 39 40 41 42，然后选中曲线图层蒙版，选择黑色画笔工具在画面中除天空以外的区域涂抹，压暗天空的颜色 43 44。

添加"色相/饱和度"，在打开的"属性"面板中设置参数，然后按 Alt 键复制曲线图层蒙版，改变图像中天空的色相/饱和度 45 46。

添加"曲线"，在打开的"属性"面板中调整 RGB、红、绿、蓝通道的曲线 47 48 49 50，然后选中曲线蒙版，按 Ctrl+I 组合键将其转换为反相蒙版，并选择白色画笔工具在画面下方涂抹，改变河流的颜色 51 52。

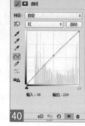

新建图层，然后单击工具箱中的"画笔工具" ✎按钮，在选项栏中设置画笔为柔角画笔，调整合适的画笔大小，降低不透明度和流量，在图像四周绘制暗边53。

打开蝴蝶和星光素材，将其拖曳到场景文件中，并移动到合适的位置，效果如图所示54。

按 Ctrl+A 组合键全选图像选区，单击工具箱中的"矩形选框工具" ▣按钮，在选项栏中单击"从选区中减去"按钮，在图像中绘制比画面略小的矩形选区。然后新建图层，设置前景色为黑色，为选区填充黑色，接着取消选区，设置图层的不透明度为 38% 55 56。

新建图层，然后选择"画笔工具"，设置前景色为白色，降低画笔的不透明度和流量，在画面的上半部分绘制，制作出光效效果57 58。

新建图层，选择"画笔工具"，然后按 F5 键打开"画笔"面板，选择合适的画笔笔尖形状[59]，设置前景色为白色，在画面中单击绘制形状[60]。

添加图层蒙版，然后选择黑色柔角画笔，在画面中将遮挡住人物的光效部分掩盖[61] [62]。

盖印图层，执行"滤镜＞液化"命令，在弹出的"液化"对话框中单击"向前变形工具"按钮，对画面中的人像做轻微调整，完成后单击"确定"按钮结束[63] [64]。

添加"曲线"，在打开的"属性"面板中调整蓝通道的曲线[65]，然后选中曲线蒙版，按 Ctrl+I 组合键将其转换为反相蒙版，接着选择"渐变工具"在画面中绘制由白色到黑色的渐变，改变图像上半部分的颜色[66] [67]。

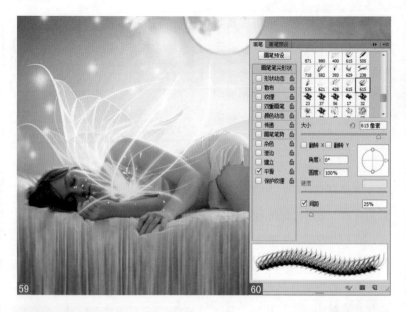

添加"照片滤镜",在打开的"属性"面板中设置参数68,然后选中照片滤镜蒙版,选择"渐变工具"在画面中绘制黑色到白色的渐变,改变图像下半部分的颜色69 70。

盖印图层,单击工具箱中的"椭圆选框工具" ○ 按钮,在画面中绘制月亮选区71。

执行"滤镜 > 模糊 > 高斯模糊"命令,在弹出的"高斯模糊"对话框中设置参数模糊月亮72 73。

新建图层,为图层填充中灰色,然后选择"画笔工具",设置黑色柔角画笔,降低不透明度,在画面四周和阴影处涂抹加重阴影。接着设置白色柔角画笔,降低不透明度,在画面中间涂抹提亮高光74 75。

添加"曲线",在打开的"属性"面板中调整红通道和蓝通道的曲线,改变图像的色调76 77 78。

新建图层,然后选择白色柔角画笔,降低不透明度,在图像上人物的肩膀处涂抹,添加光效,最终效果如图所示79。

5.5 奇幻未来世界

本案例是一个重量级的合成，本案例中的素材非常多，因此所有素材的
合成过程是一个比较需要细心和耐心的工作。

难易程度：★★★★★

原始文件：	Chapter 05/Media/5-5-1.jpg~5-5-19.jpg
最终文件：	Chapter 05/Complete/5-5.psd
视频文件：	Chapter 05/5-5.avi

01　素材展示

在制作合成案例的时候，首先要搜集素材，并对素材进行分析，熟悉素材的位置与将要实现的效果。

使用的原素材

该案例中最大的难点在于素材的拼接以及色调的统一，我们可以清楚地看到在成品图中有众多的素材，包括房子、山、石、河流、流水、人像、古船等，将这众多的素材进行合成是一个非常费时费力的工作，并且在拼接的过程中各素材之间的远近关系都是我们需要格外留意的。在拼接的过程中，使用最多的还是图层蒙版和画笔工具。除此之外，对图层本身不透明度的灵活调整也是合成过程中的一个小的技巧。将各个素材进行统一色调的处理，可以使它们看起来更像是一个整体的画面，在这个过程中用到了许多工具，例如可选颜色、色相／饱和度、曲线等，但是不论使用哪种工具都是为画面的整体效果服务的。

02 导入素材

新建空白文档，然后导入素材。

执行"文件＞新建"命令，在弹出的"新建"对话框中新建一个 1 600×825 像素的空白文档 01 02。

执行"文件＞打开"命令，在弹出的"打开"对话框中选择天空素材文件打开，然后将其拖曳到场景文件中，自由变换大小，并移动到合适的位置，效果如图所示 03 04。

添加"曲线"，在打开的"属性"面板中调整 RGB 通道、绿通道和蓝通道的曲线，改变天空的颜色 05 06。

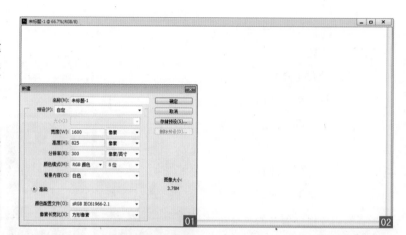

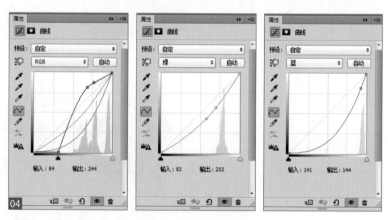

添加"亮度／对比度",在打开的"属性"面板中设置参数,调整图像的亮度／对比度06 07。

添加"可选颜色",在打开的"属性"面板中设置参数,效果如图所示08 09。

添加"色相／饱和度",在打开的"属性"面板中设置参数,调整图像的色相／饱和度,效果如图所示10 11。

打开山素材,将其拖曳到场景文件中,然后自由变换大小,并移动到合适的位置,如图所示12。

添加图层蒙版，然后选择黑色柔角画笔，在画面中山素材的右侧涂抹，柔化山素材的右侧，使其融入图像背景中 13 14。

打开云素材，将其拖曳到场景文件中，并移动到如图所示的位置 15。

在按住 Alt 键的同时单击"图层"面板下方的"添加图层蒙版" □ 按钮添加反相蒙版，然后选择白色柔角画笔，降低不透明度，在画面中的云素材区域适当涂抹，制作雾气效果，如图所示 16 17。

利用相似的方法导入瀑布和栈桥素材，放置到合适的位置，再利用蒙版只显示需要的区域，效果如图所示 18 19。

打开人像素材，将其拖曳到场景文件中，然后自由变化到合适的大小，并移动到栈桥素材中的桥上，效果如图所示。

打开塔素材，将其拖曳到场景文件中，移动到如图所示的位置22。

单击"图层"面板下方的"添加图层蒙版" ▣ 按钮添加图层蒙版，然后选择黑色柔角画笔，在画面中将不需要的区域涂抹隐藏23 24。

利用相似的方法导入其他素材，放置到合适的位置，然后利用蒙版将所有素材合成为如图所示的效果25。

打开石头素材,将其拖曳到场景文件中,按 Ctrl+T 组合键将素材自由变化到合适的大小,完成后按 Enter 键结束,移动到合适的位置,效果如图所示26。

打开古船1素材,将其拖曳到场景文件中,按 Ctrl+T 组合键将素材自由变化到合适的大小,完成后按 Enter 键结束,移动到合适的位置,效果如图所示27。

添加"曲线",在打开的"属性"面板中调整 RGB、红、蓝通道的曲线,然后单击"属性"面板下方的"此调整剪切到此图层"按钮,使曲线图层只作用于下方的古船1图层,改变古船的颜色28 29。

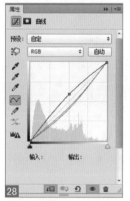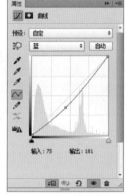

选中古船1图层，按 Ctrl+J 组合键复制古船1图层，并将图层移动到最上方，然后按 Ctrl+T 组合键自由变化图像的大小，按 Enter 键结束，在画面中将复制的古船移动到合适的位置。打开古船2素材，自由变换大小并移动到合适的位置 。

添加"曲线"，在打开的"属性"面板中调整 RGB、红、绿、蓝通道的曲线，然后单击"属性"面板下方的"此调整剪切到此图层"按钮，使曲线图层只作用于下方的古船2图层，改变古船的颜色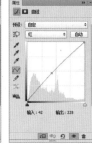  。

复制塔图层，将其置于所有图层的顶部，然后删除图层蒙版，自由变化大小，并移动到如图所示的位置。

添加蒙版，选择黑色柔角画笔在画面中涂抹掩藏不需要的部分，制作出完整的侧面墙体35 36。

打开植物 1 素材，将其拖曳到场景文件中，自由变换大小，并移动到合适的位置37。

添加蒙版，使用黑色柔角画笔在被植物遮挡住的塔尖处涂抹，显示出塔尖38 39。

分别打开花素材和鸟素材，将其拖曳到场景文件中，自由变化大小，并分别移动到画面左侧和画面右下侧，效果如图所示40。

添加"可选颜色"，在打开的"属性"面板中设置参数，调整图像的颜色41 42。

新建图层，设置前景色为淡紫色，选择柔角画笔，降低不透明度，在画面右侧中部绘制颜色43。

设置图层的混合模式为"滤色"，制作紫色光效效果44。

新建图层，选择白色柔角画笔，降低不透明度，放大画笔笔触，在紫色光效上绘制白色光效45。

03 调整整体色调

利用调整图层对素材进行色调的调整。

添加"曲线",在打开的"属性"面板中调整 RGB、绿、蓝通道的曲线,从而调整图像的颜色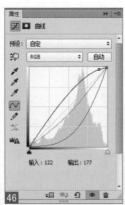。然后选中曲线图层蒙版,选择黑色柔角画笔在画面左侧涂抹,只改变图像右侧的颜色,并设置图层的不透明度为 65% 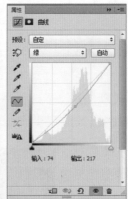 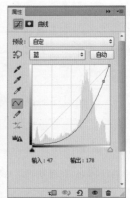。

添加"亮度／对比度",在打开的"属性"面板中设置参数,调整图像的亮度／对比度 49 50。

打开植物 3 素材,将其拖曳到场景文件中,自由变换大小,并移动到画面的底部位置 51。

添加"色彩平衡"，在打开的"属性"面板中设置中间调参数，调整图像的颜色 52 53 。

添加"曲线"，在打开的"属性"面板中调整曲线，整体提亮图像的颜色 54 55 。

添加"色阶"，在打开的"属性"面板中设置参数，调整图像的颜色 56 57 。

新建图层，单击工具箱中的"渐变工具"  按钮，在选项栏中单击"渐变编辑器"  按钮，在弹出的"渐变编辑器"对话框中设置由 50% 白到透明的渐变条，在画面上绘制从左往右为 50% 白到透明的渐变，并设置图层的不透明度为 15% 58 59 。

单击工具箱中的"套索工具" ◯ 按钮,在画面中圈选门洞选区60。

添加"曲线",在打开的"属性"面板中调整蓝通道曲线,将门洞的颜色调整为偏黄色的色调61 62。

添加"色阶",在打开的"属性"面板中设置参数,调整图像的颜色63 64。

按 Shift+Ctrl+Alt+E 组合键盖印图层,然后单击工具箱中的"修补工具" 按钮,在画面中修补瑕疵部位65。

添加"色彩平衡"，在打开的"属性"面板中设置中间调参数，然后选中色彩平衡蒙版，将蒙版转化为反相蒙版，接着选择白色柔角画笔在画面中的蓝天部分涂抹，在涂抹时要注意避开白云，为蓝天加强蓝色色调66 67。

添加"照片滤镜"，在打开的"属性"面板中设置参数，然后将照片滤镜蒙版转化为反相蒙版，选择白色柔角画笔在画面的山洞素材中的桥面上涂抹，为桥面加温，改变桥面的颜色68 69。

添加"曲线"，在打开的"属性"面板中调整蓝通道曲线，然后将曲线图层蒙版转化为反相蒙版，选择白色柔角画笔，在画面中的植物 3 上涂抹，改变植物 3 的颜色，使植物 3 偏黄色70 71。

新建图层，在画面中绘制50% 白色到透明的渐变色，并设置图层的不透明度为7%，为图像添加光效，最终效果如图所示72。

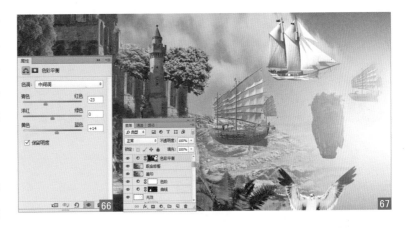

Chapter
06

风景数码照片处理

风景数码照片的修饰频率在专业修片领域还是比较高的，数码单反的自动曝光在很多情况下是不准确的，尤其是亮度不均匀的天空和地面同时存在于同一画面或逆光时，曝光不是天空过曝就是地面太暗，下面针对不同风景照片的效果进行讲解。

6.1 拼接全景照片

在日常生活中我们会遇到这样的情况，对一个场景进行各个角度的拍摄之后想将拍摄的片子快速拼接为一张大场景的照片，接下来给大家介绍一个非常实用的关于合成全景图的方法，该方法比较适合制作壮观的场景，并且可以很好地保留照片中的细节部分。

难易程度：★☆☆☆☆

原始文件：	Chapter 06/Media/6-1-1.jpg~6-1-4.jpg
最终文件：	Chapter 06/Complete/6-1.psd
视频文件：	Chapter 06/6-1.avi

制作效果

本小节主要在"载入图层"对话框和"自动对齐图层"对话框中设置参数，从而完成案例效果的制作。

通过"将文件载入堆栈"和"自动对齐图层"的操作可以轻松地完成全景图像的合成，使得图像拼接的工作变得轻松、高效。在合成完毕之后需要注意可以对合成的图像进行微调，使得整体画面看起来更加精致。

执行"文件＞脚本＞将文件载入堆栈"命令，在弹出的"载入图层"对话框中单击"浏览"按钮，选择需要执行载入堆栈的文件，单击"确定"按钮结束 01 02。

在"图层"面板中选中所有需要拼接的图层，执行"编辑＞自动对齐图层"命令，在弹出的"自动对齐图层"对话框中设置参数，然后单击"确定"按钮，将图像进行全景的合成，最后将图像边缘以及色调进行处理，效果如图所示 03 04 05。

案例效果对比

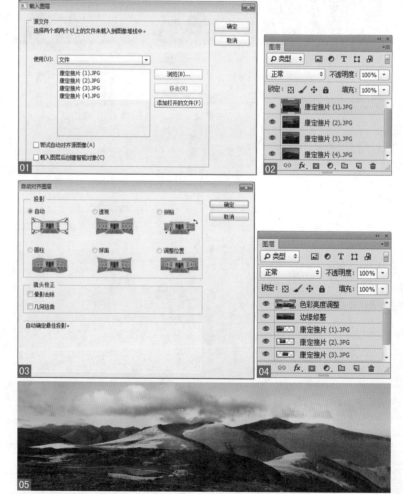

6.2　天山湖面

本案例主要讲解对风景照片清晰度的处理,主要运用了"曲线"与"色阶"。

难易程度: ★★★☆☆

原始文件:	Chapter 06/Media/6-2.jpg
最终文件:	Chapter 06/Complete/6-2.psd
视频文件:	Chapter 06/6-2.avi

01 导入素材

　　本小节主要是对案例的素材和效果进行了展示，并导入和复制了素材，为后面的制作做准备。

　　本例中调整的图片是一个清晰度不够的风景图，在本例的调整中我们通过"曲线"对风景中湖面、山丘的颜色进行调整来增加对比度与层次感，再通过"色阶"的运用增加图像的锐度以及清晰度。在本案例中，我们还应用到了加色图层来调整图像，使图像呈现出最终的完美效果。

　　执行"文件＞打开"命令，在弹出的"打开"对话框中选择素材文件，单击"打开"按钮将其打开01。

　　按 Ctrl+J 组合键复制背景图层02。

案例效果对比

02　精细修图

首先通过通道整体曲线调色校正图像颜色，再通过分区域曲线调色配合加色图层和色阶增加图像的层次感和清晰度。

单击"图层"面板下方的"创建新的填充或调整图层" ⚪. 按钮，在下拉菜单中选择"曲线"，在打开的"属性"面板中调整曲线 03 04 。

添加"曲线"，在打开的"属性"面板中调整 RGB、红、蓝通道的曲线 05 ，然后选中曲线蒙版，按 Ctrl+I 组合键将蒙版转化为反相蒙版。在工具箱中单击"画笔工具" ✎ 按钮，在选项栏中设置画笔为柔角画笔，设置前景色为白色，在画面中的湖面区域涂抹，改变湖面的颜色 06 07 。

利用相似的方法改变图像其他部位的颜色 08 09 。

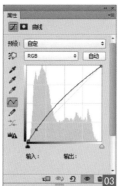

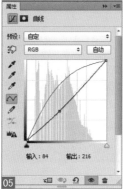
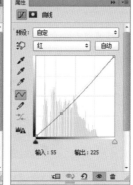
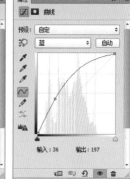

新建图层，单击工具箱中的"画笔工具"按钮，在选项栏中设置画笔为柔角画笔、不透明度为 30%，设置前景色为黄色，在画面中的天空处涂抹绘制颜色10，并设置图层的混合模式为"颜色"11。

利用相似的方法为画面添加紫色12。

按 Ctrl+L 组合键，在弹出的"色阶"对话框中设置参数，单击"确定"按钮结束13 14。

为图层添加蒙版，然后选择黑色柔角画笔，降低不透明度，在画面中土地上的阴影较重处涂抹15 16。

新建图层，设置前景色为中灰色（R：128，G：128，B：128），按 Alt+Delete 组合键为图层填充颜色，并设置图层的混合模式为"柔光"。选择柔角画笔，降低不透明度，交替使用黑色和白色在画面中涂抹，增加对比度17 18。其中，白色画笔是减淡，黑色画笔是加深。

单击"图层"面板下方的"创建新的填充或调整图层"按钮，在下拉菜单中选择"色阶"，在打开的"属性"面板中设置参数19，并选择色阶蒙版，将其转化为反相蒙版，然后选择白色柔角画笔，涂抹出天空和较远处山的区域20 21，本例至此结束。

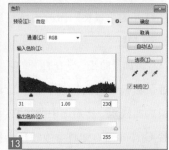

6.3

给平淡的照片增添光彩

在修图过程中我们首先应该确定的是视觉中心，也就是在图像中是以什么为中心的。当确定了视觉中心，也就是画面的主题之后再开始具体分析各素材在画面中所起的作用。

难易程度：★★★☆☆

原始文件：	Chapter 06/Media/6-3-1.jpg、6-3-2.jpg
最终文件：	Chapter 06/Complete/6-3.psd
视频文件：	Chapter 06/6-3.avi

01 提亮图片

本小节在导入素材图片之后，为其添加了"曲线"调整图层，对素材图片进行提亮处理。

我们需要清楚的一点是在画面中所有素材的出现只有一个目的，即服务于画面的主体。通过一系列调整使图像在主题突出的前提下不失其应有的细节，这样才能称之为一幅好的作品。本节案例将使用曲线、色阶等命令对图像的色调进行调整，使主体更加突出。

执行"文件 > 打开"命令，在弹出的"打开"对话框中选择素材文件，单击"打开"按钮将其打开 01。

复制"背景"图层，单击"图层"面板下方的"创建新的填充或调整图层" 🌑. 按钮，在弹出的下拉菜单中选择"曲线"选项，在打开的"属性"面板中设置曲线的参数，将画面整体进行提亮 02 03。

案例效果对比

02　对素材进行调色

本小节主要进行素材的色调调整，添加"曲线""选取颜色""色相／饱和度"图层，可以将画面整体的色调进行调整。

按 Ctrl+Alt+Shift+E 组合键盖印可见图层，将盖印图层的名称修改为"加对比"，然后单击"通道"面板中的"红"通道，按 Ctrl+M 组合键，在弹出的"曲线"对话框中设置曲线参数，并继续对"绿"通道和"蓝"通道进行曲线调整。调整完成后选择"红"通道，执行"图像＞应用图像"命令，在弹出的对话框中设置通道为"绿"、不透明度为 65%，单击"确定"按钮完成。继续选择"蓝"通道，执行"应用图像"命令，将通道设置为"红"，将不透明度设置为 65%，设置完成后选择 RGB 通道，回到"图层"面板中，设置"对比度"图层的混合模式为"明度" 04　05　06 07。

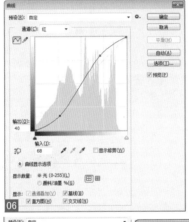

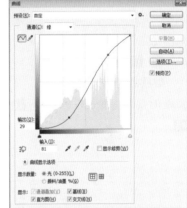

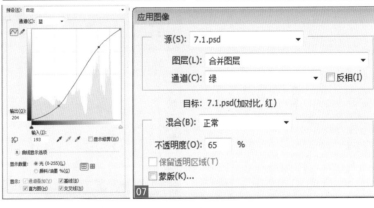

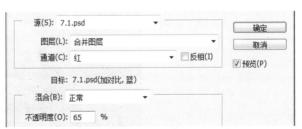

执行"文件＞打开"命令，在弹出的"打开"对话框中选择"蓝天.jpg"素材，将其打开拖入到场景中，然后单击"图层"面板下方的"添加图层蒙版"□按钮，为其添加图层蒙版。设置前景色为黑色，使用画笔工具在图像上进行适当涂抹，将蓝天图像部分进行隐藏08 09。

盖印可见图层，单击"图层"面板下方的"创建新的填充或调整图层" ○.按钮，在弹出的下拉菜单中选择"可选颜色"选项，在打开的"属性"面板中设置可选颜色的参数，将画面色调进行调整，并在"图层"面板中将"选取颜色"图层的不透明度调整为58% 10 11 12。

继续添加一个曲线图层，将画面的整体亮度进行提亮13 14 15。

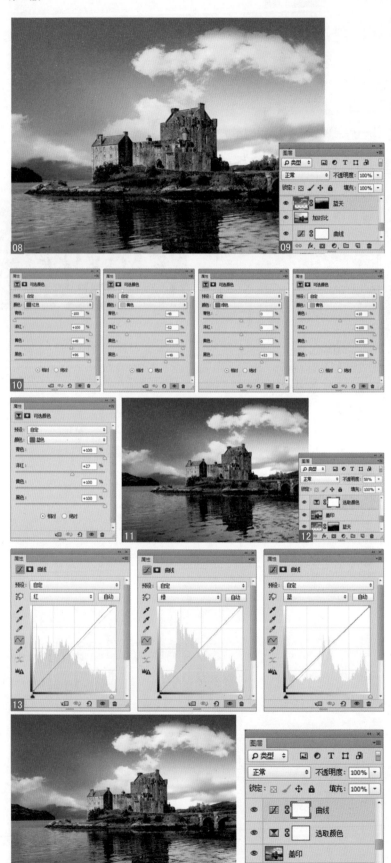

继续添加一个曲线图层，设置参数，然后设置前景色为黑色，使用画笔工具在画面中进行涂抹，将部分曲线效果进行隐藏，使其只调整水的颜色**16 17 18**。

使用同样的方法继续添加曲线图层以及色相／饱和度、色阶等，设置参数改变房屋和草地的色调，使房屋和草地更加突出与明显**19 20**。

继续添加曲线图层，调整画面的整体色调与部分细节的色调，案例完成**21 22**。

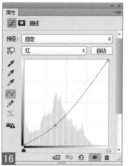

6.4 突出厚重的风景

在一些风景修图中，我们需要通过提高图像的厚重感使图像看起来更加唯美、更具有层次感。

难易程度：★★★☆☆

原始文件：	Chapter 06/Media/6-4-1.jpg、6-4-2.jpg
最终文件：	Chapter 06/Complete/6-4.psd
视频文件：	Chapter 06/6-4.avi

01 添加对比

本小节主要在红、绿、蓝三个通道中调节曲线并在"应用图像"对话框中设置参数，为素材图片添加对比效果。

在本案例中，我们将房子的颜色进行改变，并使用"曲线"命令使图像更具有厚重感，利用中灰图层增强画面的立体感。

执行"文件 > 打开"命令，在弹出的"打开"对话框中选择素材文件，单击"打开"按钮将其打开 01。

复制"背景"图层，单击"通道"面板中的"红"通道，然后按 Ctrl+M 组合键，在弹出的"曲线"对话框中设置曲线参数，接着继续对"绿"通道和"蓝"通道进行曲线调整。调整完成后，选择"红"通道，执行"图像 > 应用图像"命令，在弹出的对话框中设置通道为"绿"、不透明度为 65%，单击"确定"按钮完成，接着继续选择"蓝"通道，执行"应用图像"命令，将通道设置为"红"，将不透明度设置为 65%。设置完成后，选择 RGB 通道，回到"图层"面板中，设置"对比度"图层的混合模式为"明度"，并为其添加图层蒙版将部分效果隐藏 02 03。

案例效果对比

02　对素材进行调色

　　添加"选取颜色""色相 / 饱和度""曲线"图层，将画面的整体色调进行调整，然后添加"中灰"图层，使画面更具有立体感、厚重感。

　　盖印可见图层，新建一个图层，设置前景色为黄色（R：244，G：169，B：0），然后单击工具箱中的"画笔工具" ✎ 按钮，设置画笔笔触，在房子的白色区域进行适当涂抹，并在"图层"面板中设置图层的混合模式为"柔光"，接着使用同样的方法为其他区域上色 04 05。

　　单击"图层"面板下方的"创建新的填充或调整图层" ◑ 按钮，在弹出的下拉菜单中选择"可选颜色"选项，在打开的"属性"面板中设置可选颜色的参数，将画面的色调进行调整 06 07 08。

　　执行"文件＞打开"命令，在弹出的"打开"对话框中选择"天空 .jpg"素材，将其打开拖入到场景中，放置到合适的位置，然后单击"图层"面板下方的"添加图层蒙版" ▢ 按钮，为其添加图层蒙版。设置前景色为黑色，使用画笔工具在图像上进行适当涂抹，将天空进行部分隐藏 09 10。

添加"色相／饱和度"图层，设置参数，调整天空的色调 11 12。

继续添加"曲线"图层，调整图像的整体色调，使其变黄、更具有厚重感 13 14 15。

添加"色相／饱和度"图层，设置参数，然后设置前景色为黑色，使用画笔工具在图像上进行适当涂抹，使色相／饱和度效果只作用于房子 16 17 18。

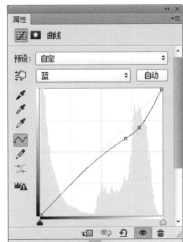

继续添加"色相／饱和度"以及"色阶"图层，设置参数，调整图像的色调19 20。

执行"图层＞新建＞图层"命令，在弹出的对话框中将名称修改为"中灰"，将模式修改为"柔光"，并选择"填充柔光中性色"复选框，单击"确定"按钮完成。设置前景色为黑色，选择一个柔一点的画笔笔触，在图像上进行涂抹，使图像更具有立体感，再设置前景色为白色，使用画笔在页面上进行适当涂抹21 22 23。

最后创建曲线图层，使画面整体适当提亮24 25。

6.5

温暖的逆光冬日风景

在图像调整的后期往往会涉及调色的问题，在调色过程中我们往往通过调整色温的方式来增加图像的质感，使画面的整体效果看起来更加唯美。

难易程度：★★★☆☆

原始文件：	Chapter 06/Media/6-5.jpg
最终文件：	Chapter 06/Complete/6-5.psd
视频文件：	Chapter 06/6-5.avi

01 更改色调

使用"可选颜色"调整图层，之后分别设置红色、黄色、青色和蓝色的参数，更改图像的整体色调。

通过观察可以看到，原图中除了整体曝光不足的问题之外就是色调偏青的问题，缺乏冬日暖阳的感觉，在调整过程中主要针对这两个方面进行调整。

执行"文件＞打开"命令，在弹出的"打开"对话框中选择素材文件，单击"打开"按钮将其打开01。

复制"背景"图层，单击"图层"面板下方的"创建新的填充或调整图层" ◌. 按钮，在弹出的下拉菜单中选择"可选颜色"选项，在打开的"属性"面板中设置红色、黄色、青色、蓝色的参数，将画面的色调进行调整02 03 04。

案例效果对比

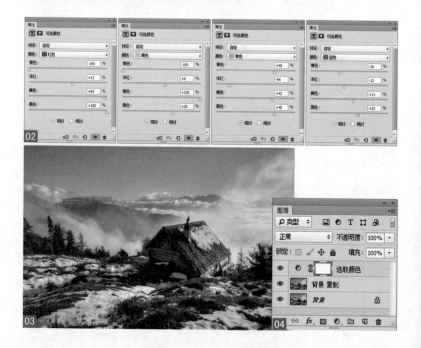

02　对素材进行调色

首先将素材的部分区域进行加色，然后添加光晕效果，使画面看起来更加明媚，最后添加高光与色相／饱和度效果，使画面整体具有温暖的感觉。

继续在"属性"面板中设置白色、黑色的参数，将画面的色调进行调整05 06。

新建一个图层，单击工具箱中的"画笔工具"按钮，选择一个较柔的画笔笔触，设置前景色为黄色（R：181，G：132，B：16），在房子上进行涂抹，并为其添加图层蒙版。设置前景色为黑色，将房子上的雪花效果隐藏，在"图层"面板中设置该图层的混合模式为"柔光"，将其图层名称修改为"加色"，然后使用同样的方法继续为天空添加效果07 08。

新建"光晕"图层，设置前景色为黑色，按 Alt+Delete 组合键为其填充黑色，然后执行"滤镜＞渲染＞镜头光晕"命令，在弹出的"镜头光晕"对话框中设置参数，单击"确定"按钮完成，并在"图层"面板中将其混合模式修改为"绿色"，接着使用同样的方法继续添加光晕效果09 10。

将"光晕"图层新建一个组，并在组上添加图层蒙版，将部分光晕效果进行隐藏11 12。

创建"曲线"图层，设置参数，调整画面的色调13 14。

新建一个图层，单击工具箱中的"钢笔工具"按钮，设置工作模式为"路径"，在页面上绘制路径，然后按 Ctrl+Enter 组合键将路径转换为选区，按 Shift+F6 组合键，在弹出的"羽化"对话框中设置羽化参数为 15 像素，设置前景色为黄色（R：248，G：162，B：50），按 Alt+Delete 组合键为选区填充颜色。按 Ctrl+D 组合键取消选区，为其添加图层蒙版，将部分高光效果进行隐藏。然后使用同样的方法继续制作高光，将图层的混合模式修改为"叠加"15 16 17。

执行"图层＞新建＞图层"命令，在弹出的"新建图层"对话框中设置混合模式为"柔光"、名称为"中灰"，并选择"填充柔光中性色"复选框，单击"确定"按钮完成，接着设置前景色为黑色，使用画笔工具在图像上进行适当涂抹，将部分效果进行隐藏。盖印可见图层，使用修补工具将图像细节进行调整，并添加色相／饱和度图层改变图像的色调，案例完成18 19 20。

6.6

给照片上色

我们要学会根据光源找出画面中的高低点，只有掌握高低点原理才能准确地找出画面中的立体面，也就是凹凸的部分，这是我们增加图像立体感与层次感的先决条件。

难易程度：★★★☆☆

原始文件：	Chapter 06/Media/6-6.jpg
最终文件：	Chapter 06/Complete/6-6.psd
视频文件：	Chapter 06/6-6.avi

01 提亮暗部

本小节使用快捷键调出图像的暗部选区，复制选区内的内容并设置图层混合模式来提亮暗部。

在风景修图中，我们要将图像的层次感表现得更加明显，使图像看起来更加生动、自然。本节案例将利用"曲线"等将水、山、天空的层次感加强，使画面显得更加具有立体感。

执行"文件 > 打开"命令，在弹出的"打开"对话框中选择素材文件，单击"打开"按钮将其打开 01 02。

按 Ctrl+J 组合键复制"背景"图层，然后按 Ctrl+Alt+2 组合键选择亮部选区，按 Ctrl+Shift+I 组合键进行反向选择，即选择暗部区域，将选区内的图像进行复制，并将复制的图层的混合模式调整为"滤色"，将画面的暗部进行适当提亮 03 04。

案例效果对比

02　对风景的对比度进行调整

主要在"通道"面板中为各个通道进行曲线调整，使画面的对比度增强。

按 Ctrl+Alt+Shift+E 组合键盖印可见图层，将盖印图层的名称修改为"加对比"，然后单击"通道"面板中的"红"通道，按 Ctrl+M 组合键，在弹出的"曲线"对话框中设置曲线参数，继续对"绿"通道和"蓝"通道进行曲线调整。调整完成后，选择"红"通道，执行"图像＞应用图像"命令，在弹出的对话框中设置通道为"绿"、不透明度为 65%，单击"确定"按钮完成，继续选择"蓝"通道，执行"应用图像"命令，将通道设置为"红"，将不透明度设置为 65%。设置完成后，选择 RGB 通道，回到"图层"面板中，设置"对比度"图层的混合模式为"明度"，并为其添加图层蒙版，将部分效果隐藏 05 06 07 08 。

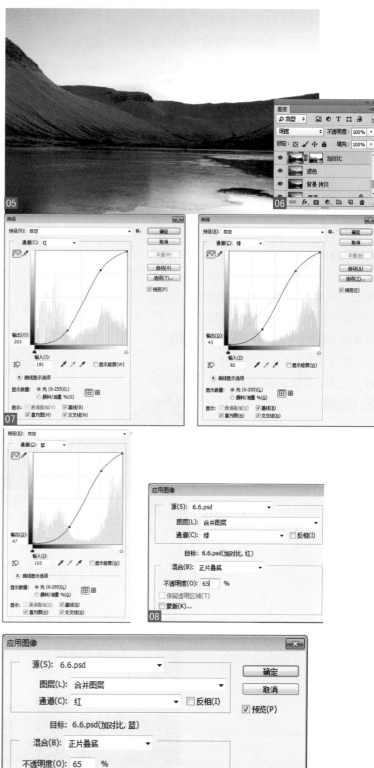

03 对风景的色调进行调整

首先导入天空素材，将天空进行替换，然后添加"选取颜色""曲线"图层，将风景的色调进行调整。

执行"文件＞打开"命令，在弹出的"打开"对话框中选择"天空 .jpg"素材，将其打开拖入到场景中，然后单击"图层"面板下方的"添加图层蒙版" ▣ 按钮，为天空添加图层蒙版，再使用渐变工具设置渐变色为白色到黑色，在页面上从下向上进行拖曳，将部分天空进行隐藏 09 10。

单击"图层"面板下方的"创建新的填充或调整图层" ◐. 按钮，在弹出的下拉菜单中选择"可选颜色"选项，在打开的"属性"面板中设置选取颜色的参数，并将其只作用于天空图层 11 12 13。

继续创建一个"曲线"图层，设置参数，将水的颜色进行调整 14 15 16。

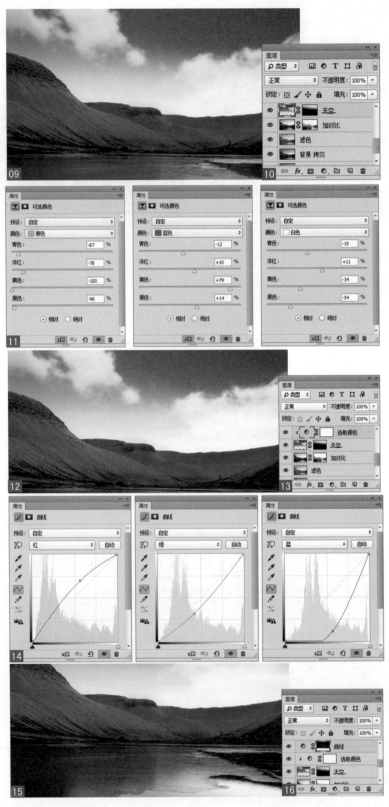

继续创建"曲线"图层，调整画面色调 17 18。

盖印可见图层，将盖印的图层名称修改为"模糊柔光"，然后执行"滤镜＞模糊＞高斯模糊"命令，在弹出的对话框中设置参数，单击"确定"按钮完成，接着在"图层"面板中将该图层的混合模式修改为"柔光"，将不透明度修改为70%，并为其添加图层蒙版，将部分效果进行隐藏 19 20 21。

最后创建一个"曲线"图层，将整体色调进行调整，案例完成 22 23。

6.7 强调风景的色彩

本案例主要讲解如何调整案例的色彩，具体表现在加深图像的层次感和对比度，并且调整图像的颜色，使之更加自然、真实。

难易程度：★★★★☆

原始文件：	Chapter 06/Media/6-7.jpg
最终文件：	Chapter 06/Complete/6-7.psd
视频文件：	Chapter 06/6-7.avi

01　展示素材

　　本小节主要展示了案例的素材效果和最终效果，在制作方面对素材进行了导入和复制等操作。

　　本例为风景照片调色，所选用的照片为一张很普通的风景照片。观察这张风景照片，我们可以看到其没有层次感、对比度不强烈，整体给人以很平面的感觉，蓝天不蓝、白云不白，所以在调整这样的风景照时应该着重增加图片的层次感，对比度，增强对比度最直观的办法就是使色彩表现强烈。

　　执行"文件＞打开"命令，在弹出的"打开"对话框中选择背景素材文件，单击"打开"按钮，然后按 Ctrl+J 组合键复制"背景"图层 01　02 。

案例效果对比

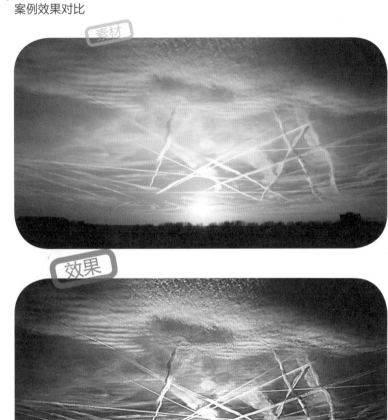

02 调整色调

首先通过"色阶"对图片进行校色，然后执行"USM 锐化"命令增加图片细节，再通过添加"曲线"等调整图层调整图片颜色。

复制"背景"图层，按 Ctrl+L 组合键弹出"色阶"对话框，在"色阶"对话框中设置参数，单击"确定"按钮，压暗图像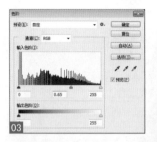 。

复制"压暗"图层，执行"滤镜 > 锐化 > USM 锐化"命令，在弹出的"USM 锐化"对话框中设置参数，单击"确定"按钮结束，锐化图像 。

按 Ctrl+M 组合键，弹出"曲线"对话框，在"曲线"对话框中调整 RGB 通道曲线，单击"确定"按钮结束，提亮图像颜色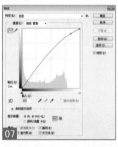 。

单击"图层"面板下方的"创建新的填充或调整图层" ⊘. 按钮，在弹出的下拉菜单中选择"曲线"，打开"属性"面板，在该面板中设置 RGB 通道、绿通道和蓝通道的曲线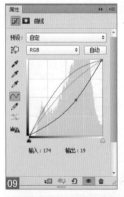。然后选中"曲线"图层蒙版，按 Ctrl+I 组合键将蒙版反转为反相蒙版，接着选择白色柔角画笔工具，在画面中的蓝色天空上涂抹，调整蓝色天空的颜色 。

添加"曲线",在打开的"属性"面板中调整红通道和绿通道曲线 12 13,然后选择曲线蒙版将其反转为反相蒙版,选择白色柔角画笔在画面中的晚霞处涂抹,调整晚霞的颜色 14 15。

利用类似的方法,结合使用曲线和蒙版压暗图像上方的云朵区域,效果如图所示 16 17 18。

按 Shift+Ctrl+Alt+E 组合键盖印图层,然后新建图层,设置前景色为中灰色,按 Alt+Delete 组合键填充前景色,并设置图层的混合模式为"柔光"。选择白色柔角画笔,降低不透明度,在画面上方的云朵部位涂抹,提亮云朵 19 20。

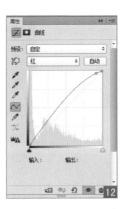
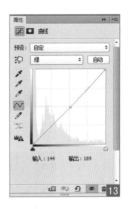

盖印图层，然后复制盖印图层，执行"滤镜＞模糊＞高斯模糊"对话框，在弹出的"高斯模糊"对话框中设置参数，单击"确定"按钮结束21 22。

设置图层的混合模式为"柔光"、不透明度为31%，然后添加图层蒙版，选择黑色柔角画笔在画面四周涂抹，隐藏模糊柔光图层对图像的影响23 24。

添加"可选颜色"，在打开的"属性"面板中设置青色和蓝色的参数，调整图像中天空的颜色25 26 27。

添加"曝光度"，在打开的"属性"面板中设置参数28，然后选中曝光度蒙版，选择"渐变工具"在蒙版中绘制由黑到白的渐变29 30。

盖印图层，并按 Ctrl+Alt+2 组合键载入图像高光选区31。

新建图层，设置前景色为黄色（R：255，G：255，B：255），然后按 Alt+Delete 组合键为选区填充黄色，按 Ctrl+D 组合键取消选区32。

设置图层的混合模式为"柔光"、不透明度为 81%，按 Alt 键添加反相图层蒙版，然后选择白色柔角画笔在画面中的云层上涂抹，完成对云层的加色33 34。

单击工具箱中的"套索工具"按钮，在选项栏中设置羽化为 70 像素，在画面中绘制如图所示的选区35。

添加"色阶"，在打开的"属性"面板中设置参数，调整选区内图像的颜色36 37 38。

继续添加"色阶"，在打开的"属性"面板中设置绿通道参数，调整图像整体的色调39 40。

盖印图层，然后执行"滤镜＞锐化＞USM 锐化"命令，在弹出的"USM 锐化"对话框中设置参数，单击"确定"按钮结束41 42。

6.8 模仿风景大片

本案例首先利用晶格化分析风景原片的颜色分布,再利用晶格化分析
参考图片的颜色分布,完成追色操作。

难易程度:★★★★☆

原始文件:	Chapter 06/Media/6-8-1.jpg、6-8-2.jpg
最终文件:	Chapter 06/Complete/6-8.psd
视频文件:	Chapter 06/6-8.avi

01　色彩分析

　　本小节主要是对图片添加了"晶格化"滤镜，使图片的颜色分区更加明显，有助于我们对图片色彩进行分析。

　　晶格化处理在追色过程中扮演了举足轻重的角色，使图像颜色的分布情况变得一目了然，方便用户将图像的配色方案精确地提取出来，为下一步的追色做好必要的准备工作，在追色的具体操作中只有认真分析原图与参考图之间颜色的对应关系才能有针对性地进行追色。

　　将参考图 01 进行色调分析：对图像晶格化处理后 02 在天空、水面以及整体环境色块中找出最具代表性的 3 种颜色 03 。

案例效果对比

将原图04进行色调分析：对图像晶格化处理后05在天空、水面以及岸边色块中找出最具代表性的3种颜色06。

通过观察可以发现，在参考图中整体色调偏暖一些，而原图中趋于偏青的视觉效果，因此在调整过程中将参考图中天空的暗调应用到原图之中并校正偏青的色调，使整体图像看起来不再那么清冷，然后针对水面的颜色以及岸边的颜色逐一追加。

将追色完成的效果图07再次进行晶格化处理08，使图像色彩的分布情况09一目了然。通过观察可以发现，效果图与参考图颜色的分布情况基本一致，则追色操作就算完成。

02 调色

　　通过对图像认真分析，从天空、水面以及岸边 3 个大的方面对原图进行追色处理，其中用到了诸多的调色方法，例如"曲线""自然饱和度"等。

　　执行"文件＞打开"命令，在弹出的"打开"对话框中选择素材文件，单击"打开"按钮将其打开10。

　　按 Ctrl+J 组合键复制"背景"图层11。

　　按 Ctrl+J 组合键对"背景复制"图层进行复制，将复制的图层命名为"调整水平"12。然后对图像进行校正水平的操作13，使得水平面与天空齐平14。

　　按 Ctrl+J 组合键对"水平调整"图层进行复制，将复制的图层命名为"加对比"15，然后按 Ctrl+L 组合键调整图像的色阶16，加强整体图像的对比，使整体画面看起来更加通透17。

单击"图层"面板下方的"创建新的填充或调整图层"◎.按钮，在弹出的下拉菜单中选择"曲线"选项，在打开的"属性"面板中对其参数进行设置，起到压暗图像的作用。单击"图层"面板下方的"添加图层蒙版"◎按钮添加图层蒙版，然后单击工具箱中的"画笔工具"✐.按钮，擦除图像中的水面以及岸边部分，使得曲线只作用于天空20。

单击"图层"面板下方的"创建新的填充或调整图层"◎.按钮，在弹出的下拉菜单中选择"曲线"选项21，在打开的"属性"面板中对其参数进行设置，使图像中天空的色调趋于暖调22。单击"图层"面板下方的"添加图层蒙版"◎按钮添加图层蒙版，然后单击工具箱中的"画笔工具"✐.按钮，擦除图像中的水面以及岸边部分，使得曲线只作用于天空23。

按 Ctrl+Shift+N 组合键新建图层，在弹出的"新建图层"对话框中对其参数进行设置，然后单击"确定"按钮24。单击工具箱中的"画笔工具"✐.按钮，将前景色分别设置为黑色和白色，对图像中需要加深和减淡的地方进行适当处理，使得整体画面看起来更加立体25。

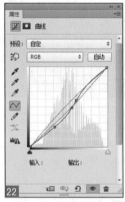

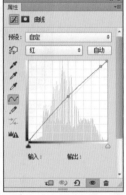

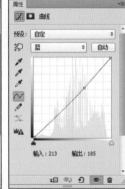

单击"图层"面板下方的"创建新的填充或调整图层" 按钮，在弹出的下拉菜单中选择"曲线"选项26，在打开的"属性"面板中对其参数进行设置，从而对水面的颜色进行调整27。单击"图层"面板下方的"添加图层蒙版" 按钮添加图层蒙版，然后单击工具箱中的"画笔工具" 按钮，擦除图像中水面以外的部分28。

按 Ctrl+Shift+N 组合键新建图层，将新建的图层命名为"加色" 29，并在"图层"面板中将该图层的混合模式设置为"颜色"。将前景色设置为咖色（R：180，G：109，B：77） 30，单击工具箱中的"画笔工具" 按钮，对木桥进行上色处理31，使其看起来更加有质感32。

单击"图层"面板下方的"创建新的填充或调整图层" ⊙. 按钮，在弹出的下拉菜单中选择"自然饱和度"选项 33，在打开的"属性"面板中对其参数进行设置，调整图像的自然饱和度 34，增加图像本身的质感。单击"图层"面板下方的"添加图层蒙版" ▣ 按钮添加图层蒙版，然后单击工具箱中的"画笔工具" ✓ 按钮，擦除不需要作用的部分 35。

按 Ctrl+Shift+Alt+E 组合键盖印可见图层，得到"盖印"图层。单击"图层"面板下方的"创建新的填充或调整图层" ⊙. 按钮，在弹出的下拉菜单中选择"曲线"选项 36，在打开的"属性"面板中对其参数进行设置，对图像中间进行调降红处理 37，使其略微偏青。单击"图层"面板下方的"添加图层蒙版" ▣ 按钮添加图层蒙版，然后单击工具箱中的"画笔工具" ✓ 按钮，擦除水面以及岸边的部分，使其仅作用于天空的部分 38。

单击"图层"面板下方的"创建新的填充或调整图层" ⊘. 按钮，在弹出的下拉菜单中选择"曲线"选项**39**，在打开的"属性"面板中对其参数进行设置，提亮木桥部分，使图像主体更加突出**40**。单击"图层"面板下方的"添加图层蒙版" □按钮添加图层蒙版，然后单击工具箱中的"画笔工具" ✓. 按钮，擦除天空、水面等不需要作用的部分**41**。

单击"图层"面板下方的"创建新的填充或调整图层" ⊘. 按钮，在弹出的下拉菜单中选择"曲线"选项**42**，在打开的"属性"面板中对其参数进行设置，为水面和邻近天空的部分进行加红、加黄处理，使其更趋于暖调**43**。单击"图层"面板下方的"添加图层蒙版" □按钮添加图层蒙版，然后单击工具箱中的"画笔工具" ✓. 按钮，擦除曲线不需要作用的部分**44**。

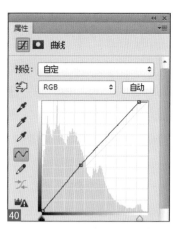

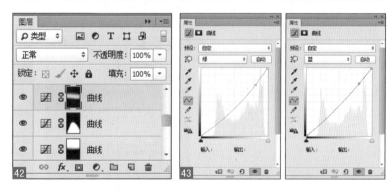

　　按 Ctrl+Shift+Alt+E 组合键盖印可见图层，得到"盖印"图层。按 Ctrl+J 组合键复制图层，将复制的图层命名为"模糊变亮"45，然后执行"滤镜＞模糊＞高斯模糊"命令，在弹出的"高斯模糊"对话框中对其参数进行设置，单击"确定"按钮46，对图像进行模糊处理，使其看起来更加朦胧。在"图层"面板中设置图层混合模式为"变亮"，使图像在变模糊的同时看起来更加通透47。

　　按 Ctrl+J 组合键对"盖印"图层进行复制，将复制的图层命名为"清晰部分"，并调整至"模糊变亮"图层之上48。单击"图层"面板下方的"添加图层蒙版" 按钮添加图层蒙版，然后单击工具箱中的"画笔工具" 按钮，擦出图像需要作用的部分，使得天空、水面以及木桥的两侧呈现出朦胧的视觉效果，图像49的主体木桥本身还是清晰的50。

210

按 Ctrl+Shift+Alt+E 组合键盖印可见图层，将盖印的图层命名为"液化" 51。执行"滤镜＞液化"命令，在弹出的"液化"对话框中 52 对画笔大小以及画笔压力进行设置，然后单击"确定"按钮，在图像中对木桥的前端部分进行液化处理，使其看起来更加笔直，对细节部分处理可以使整体画面更加唯美 53。

按 Ctrl+J 组合键复制图层，并将复制的图层命名为"瑕疵修整" 54。单击工具箱中的"修补工具" 按钮，对木桥前端两侧出现的瑕疵部分进行修整 55，去掉那些影响画面整体美感的部分 56。

　　按 Ctrl+J 组合键复制图层，并
将复制的图层命名为"构图"。
然后通过对图像变形以及裁切等方
式对图像的比例进行调整，使其看
起来更加具有立体感和层次感。

单击"图层"面板下方的"创建新的填充或调整图层" 按钮，在弹出的下拉菜单中选择"曲线"选项58，在打开的"属性"面板中对其参数进行设置59，整体加强画面的对比度，使其看起来更具有立体感60。

单击"图层"面板下方的"创建新的填充或调整图层" 按钮，在弹出的下拉菜单中选择"曲线"选项，在打开的"属性"面板中对其参数进行设置61，对图像进行加蓝、加绿处理。单击"图层"面板下方的"添加图层蒙版" 按钮添加图层蒙版，然后单击工具箱中的"画笔工具" 按钮，擦除图像中不需要作用的部分，使得水天相接的部分呈现出淡淡的青色，让整体画面看起来更加悠远62。

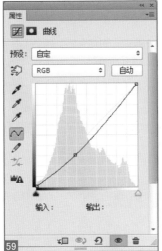

Chapter
07

人像数码照片处理

对人像数码照片的处理最能考验一个专业修图师的审美和技术水平，在一幅人物照片中，不仅要体现人物的身材和皮肤，还要将色彩调整到最佳。本章将介绍多种专业人像的修图方法，例如双曲线、中灰度、高低频、调色、光影塑造等。

7.1 使用高反差保留锐化图像

在实际的工作中，对比较模糊的图片进行锐化是经常遇到的问题。在本案例中介绍了一种新的方法，即高反差保留，该方法是通过滤镜的使用结合图层模式的改变来锐化图片。

难易程度：★☆☆☆☆

原始文件：	Chapter 07/Media/7-1.jpg
最终文件：	Chapter 07/Complete/7-1.psd
视频文件：	Chapter 07/7-1.avi

01　素材展示

　　本小节我们不仅对案例效果进行了展示，还对案例之后的制作方法进行了分析。

案例效果对比

　　图像在修整完毕后往往需要进一步的锐化，使画面的细节部分体现得更加完整。当然，每张片子的情况不同，我们可以根据片子本身的特点进行处理。一般情况下，锐度的调整是十分必要的，尤其在人像的修调中。

　　本例中介绍的是利用滤镜中的"高反差保留"命令达到锐化效果的方法。

　　执行"文件 > 打开"命令，在弹出的"打开"对话框中选择素材文件，单击"打开"按钮将其打开01。

　　按 Ctrl+J 组合键复制"背景"图层02。

02　精细修图

通过"高反差保留"命令锐化图片。

再次复制"背景"图层，放置到最上方，然后按Shift+Ctrl+I组合键去色，并设置图层的混合模式为"线性光"03 04。

执行"滤镜＞其他＞高反差保留"命令，在弹出的"高反差保留"对话框中设置参数05，然后单击"确定"按钮，完成高反差保留锐化图像06。

7.2 人像照片的瑕疵处理

图像修调的过程也是修图师不断思考的过程，当我们拿到一张片子之后，首先应该对图像中的瑕疵以及"穿帮"部分进行处理。

难易程度：★★☆☆☆

原始文件：	Chapter 07/Media/7-2.jpg
最终文件：	Chapter 07/Complete/7-2.psd
视频文件：	Chapter 07/7-2.avi

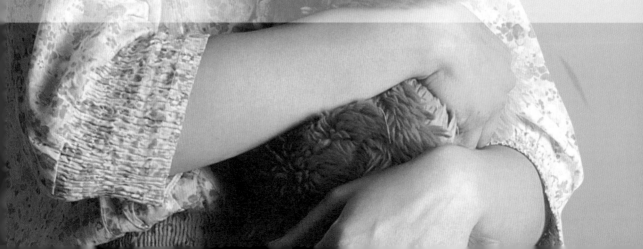

01 瑕疵修整

本小节主要是使用"仿制图章工具"对人物面部瑕疵进行修整，使面部更光洁。

对于一张好的照片应该注意细节部分，如果有明显的瑕疵或穿帮会严重地影响画面的美感，因此在精细处理照片之前必须解决基本的瑕疵和穿帮问题，在这一过程中常用的工具有裁剪工具、仿制图章工具和画笔工具等。

执行"文件＞打开"命令，在弹出的"打开"对话框中选择素材文件，单击"打开"按钮将其打开 01 02。

复制"背景"图层，将其复制的图层名称修改为"瑕疵修整"，然后单击工具箱中的"仿制图章工具"按钮，按住 Alt 键在皮肤的瑕疵附近取一处细腻的皮肤，取样完成后，在瑕疵处进行修整，接着使用同样的方法分别处理其他瑕疵。其实该工具与工具箱中的画笔工具的用法一样，同样可以进行瑕疵修复 03 04。

案例效果对比

02　对人物的色调进行调整

主要添加"曲线""渐变映射""色相／饱和度"图层，以调整人物的色调。

使用"液化"命令将人物的头发进行修整，然后使用"曲线"、"锐化"命令将人物的色彩进行调整 05 06。

使用钢笔工具将人物抠出，并将抠出的人物图层放置到"底纹"图层之上，再将名称修改为"人像抠图" 07 08。

使用"色相／饱和度""曲线""锐化""渐变映射"等命令对图像整体的颜色进行调整，并将图层的混合模式与不透明度分别调整，案例完成 09 10。

7.3 人物身形的调整

在图像的修调中往往会涉及形态的调整，尤其在人像摄影后期的处理中更是常见，这里需要注意人物形态的调整要适度，不可过分追求视觉上的唯美而一味地跟着自身的感觉去调整，后期形态的调整应该建立在对人体形态结构了解的基础之上。

难易程度：★★★☆☆

原始文件	Chapter 07/Media/7-3.jpg
最终文件	Chapter 07/Complete/7-3.psd
视频文件：	Chapter 07/7-3.avi

01 修整部分形体

本小节主要是使用"液化"滤镜，对人物的胳膊部分进行调整，使胳膊更加纤细。

在人像摄影后期的修图中难免会遇到人物形体的修整，一般包含脸型、腰部、腿部、胳膊甚至发型等部分的调整。需要注意的是，人物形体的调整应该适度，另外还要考虑身形比例的问题，也就是说，怎样能够让人物看起来既漂亮又不失其真实性，这才是最重要的。

执行"文件＞打开"命令，在弹出的"打开"对话框中选择素材文件，单击"打开"按钮将其打开 01 02 。

复制"背景"图层，并将其复制的图层名称修改为"液化"，然后执行"滤镜＞液化"命令，在弹出的"液化"对话框中单击"向前变形工具" 按钮对人物进行液化，然后单击"确定"按钮完成 03 04 。

案例效果对比

02 对人物的形体进行修整

执行"液化"命令，将人物手臂上的瑕疵进行处理。

复制"液化"图层，将其复制的图层名称修改为"手臂修整"，然后单击工具箱中的"修补工具"按钮，将手臂上的肌肉修补平滑 05 06 。

继续复制"手臂修整"图层，并将其复制的图层名称修改为"液化1"，然后执行"滤镜＞液化"命令，在弹出的"液化"对话框中单击"向前变形工具" 按钮对人物进行液化，单击"确定"按钮完成 07 08 。

案例到这里已完成了液化处理，接下来对人物的细节进行调整，利用"选取颜色""色阶""曲线"等命令让人物的肤色看起来更加干净、清爽，最后再添加一个渐变背景即可 09 10 。

7.4 人像的精细处理

本案例更深入讲解了怎样针对图片中的各种瑕疵和穿帮问题进行精细的处理。

难易程度：★★★☆☆

原始文件：	Chapter 07/Media/7-4.jpg
最终文件：	Chapter 07/Complete/7-4.psd
视频文件：	Chapter 07/7-4.avi

01　素材展示与分析

　　本小节主要对案例的素材和最终效果进行了展示，并对案例原素材图进行了分析。

　　原图中除了人物肤色偏色之外还有一个重要的问题，就是图像背景看起来凹凸不平、颜色不够干净，将以上问题逐一解决即可。除此之外，就是人像修调方面的相关知识，对人物眼袋部分的处理应当适度，否则会给人不真实的感觉。

　　执行"文件＞打开"命令，在弹出的"打开"对话框中选择素材文件，单击"打开"按钮将其打开01。

　　按 Ctrl+J 组合键复制"背景"图层02。

案例效果对比

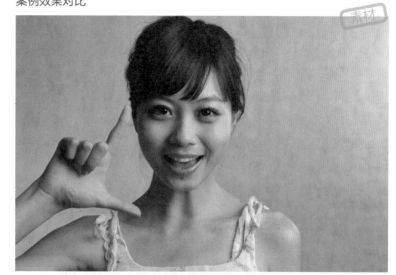

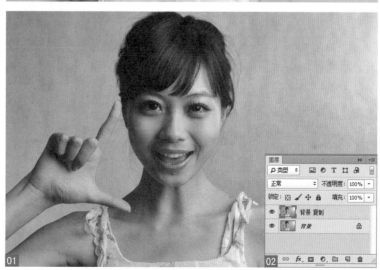

02 精细修图

利用"液化"命令调整人物形体，并通过"曲线"命令调整图像暗部的色调。

执行"滤镜＞液化"命令，在弹出的"液化"对话框中对其参数进行设置，然后单击"确定"按钮，对图像中人物的脸型、手臂等部分分别进行液化处理，效果如图所示 03 04 。

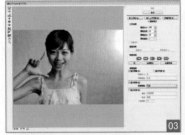

单击工具箱中的"魔棒工具" 按钮，在选项栏中设置容差数值为 35，对画面中较暗的区域进行点选。执行"选择＞修改＞羽化"命令，在弹出的"羽化选区"对话框中对羽化参数进行设置，然后单击"确定"按钮。按 Ctrl+J 组合键对所选区域进行复制，并将得到的复制图层命名为"暗部"图层，效果如图所示 05 06 。

单击"图层"面板下方的"创建新的填充或调整图层" 按钮，在弹出的下拉菜单中选择"曲线"选项，在打开的"属性"面板中设置参数，效果如图所示 07 08 09 。

利用相似的方法虚化图像的下半部分背景 10 11 ，然后盖印图层，单击"仿制图章工具" 按钮，修补图像右下角的漏光部分 12 。

03　继续修图

修复背景、人物面部和腋下的瑕疵，并使用"曲线"命令调整图像色调。

按 Ctrl+Shift+Alt+E 组合键盖印可见图层，得到"盖印"图层，然后按 Ctrl+J 组合键对"盖印"图层进行复制，将复制的新图层命名为"瑕疵修整"。单击工具箱中的"修补工具" 按钮，对人物面部的瑕疵部分进行修整 13。

按 Ctrl+J 组合键对"瑕疵修整"图层进行复制，并将复制的新图层命名为"眼袋、背景"。单击工具箱中的"图章工具" 按钮，对人物的眼袋部分以及背景部分进行修整。

单击工具箱中的 按钮，选择"套索工具"，对图像中需要作用的区域进行选取。执行"选择 > 修改 > 羽化"命令，在弹出的"羽化选区"对话框中对羽化参数进行设置，然后单击"确定"按钮。按 Ctrl+J 组合键对所选区域进行复制，将复制的图层命名为"腋下"。在"图层"面板中设置图层混合模式为"滤色""不透明度"为 80% 14 15。

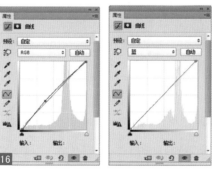

单击"图层"面板下方的"创建新的填充或调整图层" 按钮，在弹出的下拉菜单中选择"曲线"选项，在打开的"属性"面板中对其参数进行设置，然后单击"确定"按钮，最终效果如图所示 16 17。

7.5 人像的光影塑造

本案例介绍了人物光影的塑形，通过中灰图层的创建配合画笔在图层上使用黑色和白色两个颜色涂抹，来区分图像的亮部和暗部，之后通过明暗之间的对比来塑造画面的立体感与层次感。

难易程度：★★★☆☆

原始文件：	Chapter 07/Media/7-5.jpg
最终文件：	Chapter 07/Complete/7-5.psd
视频文件：	Chapter 07/7-5.avi

01　导入素材

本小节主要对案例素材图进行了导入和复制的操作，复制的快捷键为 Ctrl+J。

在修图中不得不提到的一个概念就是图像本身的素描关系，有经验的修图师们通常会注意到这样的一个规律：一张修调得比较好的片子，不论是在有色的情况下还是在去色的情况下，片子看起来都是非常干净漂亮的，也就是所谓的素描关系完整。图像修调最大的难点也就在于此：光影的修整和素描关系的调整。

执行"文件 > 打开"命令，在弹出的"打开"对话框中选择素材文件，单击"打开"按钮将其打开。

按 Ctrl+J 组合键复制"背景"图层02。

案例效果对比

02 精细修图

添加"色阶"对图片色调做调整，通过"液化"改变人物形体，利用"修补工具"修复人物面部的瑕疵。

按 Ctrl+L 组合键弹出"色阶"对话框，在"色阶"对话框中设置参数，单击"确定"按钮将其打开03 04。

按 Shift+Ctrl+Alt+Enter 组合键盖印图层，然后执行"滤镜＞液化"命令，弹出"液化"对话框，在工具栏中选择"向前变形工具" 按钮，在画面中将人物变瘦，并单击"确定"按钮将其打开05 06。

按 Shift+Ctrl+Alt+Enter 组合键盖印图层，放大人物脸部观察人物脸上的瑕疵07。单击工具箱中的"修补工具" 按钮，在画面中圈选人物脸部的瑕疵08，将选区移动到其他皮肤处完成修复09，然后利用相似的方法完成所有瑕疵的修复10。

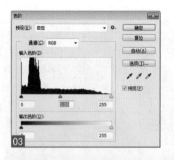

03 增加立体感和厚重感

本小节主要利用滤镜中的磨皮工具对图片进行轻微磨皮，再通过中灰图层配合画笔工具增加人物的立体感和厚重感。

按 Shift+Ctrl+Alt+Enter 组合键盖印图层，然后执行"滤镜>Imagenomic>Portraiture"命令，弹出 Portraiture 对话框，在对话框中设置磨皮参数，对人物进行轻微磨皮 11 12。

新建图层，设置前景色为中灰色（R：128，G：128，B：128），按 Alt+Delete 组合键为图层填充颜色，并设置图层的混合模式为"柔光"。单击工具箱中的"画笔工具" 按钮，在选项栏中选择柔角画笔，降低不透明度，分别设置前景色和背景色为白色和黑色，对画面中的高光区域用白色画笔涂抹，阴影区域用黑色画笔涂抹 13 14。

新建图层，设置前景色为黑色，按 Alt+Delete 组合键为图层填充颜色，并设置图层的混合模式为"颜色减淡"。单击工具箱中的"画笔工具" 按钮，在选项栏中选择柔角画笔，降低不透明度，设置前景色为白色，在画面中的油漆高光区域用白色画笔涂抹，增加油漆的立体感 15 16。

本例到这里就完成了，接下来可以对画面中的色调、明度、人物体型以及背景做进一步调整，如图所示 17。

7.6 对人像及背景进行整体调整

本案例主要使用液化工具调整人物的形体，在调整的过程中要遵循真实、自然的原则，不能一味地按照自己的思想对人物进行液化。

难易程度：★★★☆☆

原始文件：	Chapter 07/Media/7-6-1.jpg, 7-6-2.jpg
最终文件：	Chapter 07/Complete/7-6.psd
视频文件：	Chapter 07/7-6.avi

01　导入素材并分析

本小节主要对素材进行了导入和复制操作，重要的是我们对素材存在的问题进行了分析，为后续制作打好基础。

本案例主要讲解如何对人像整体进行调整，观察原素材我们可以发现，它的背景比较杂乱、昏暗，没有层次感，人物的形体也需要进一步修整。

首先对人物的形体进行液化，将其进行修整，其次对图片中的人物进行抠图，为其更换背景，使其更加有层次感，增强画面的对比度，最后利用"照片滤镜""曲线"等对画面整体进行颜色的调整。

执行"文件 > 打开"命令，在弹出的"打开"对话框中选择背景素材文件，单击"打开"按钮将其打开，并按 Ctrl+J 组合键复制"背景"图层 01　02 。

案例效果对比

02 精细修图

首先使用"液化"命令对人物形体进行修整,接下来使用"钢笔工具"对人物进行抠图更换背景。

按 Ctrl+T 组合键自由变换图像大小,并适当旋转图像,然后按 Enter 键结束03。

执行"滤镜＞液化"命令,弹出"液化"对话框,在对话框中单击"向前变形工具"按钮,调整画笔的笔触大小,在画面中改变人物形体,然后单击"确定"按钮04 05。

单击"钢笔工具"按钮,在选项栏中设置工具的模式为"路径",绘制人物路径,并将路径转化为选区,然后按 Ctrl+J 组合键复制人物图像06 07,取消选区。

利用钢笔工具在画面中绘制人物鞋子路径,并转化为选区,然后设置前景色为黑色,按 Alt+Delete 组合键为选区填充黑色,制作完整的鞋子08。

执行"文件＞打开"命令,在弹出的"打开"对话框中选择背景文件打开,然后将其拖曳到场景文件中,自由变换其大小,并按 Enter 键结束09 10。

新建图层,单击"画笔工具"按钮,在选项栏中设置画笔的模式为"柔角",并降低画笔的不透明度,设置前景色为黑色,在画面的下方绘制阴影11。

复制人像抠图图层,将其移动到背景图层上方,然后自由变换图像大小,并移动到合适的位置,再按 Enter 键结束12。

03 调整图像色调

使用"照片滤镜""曲线""可选颜色"对图片的色调进行调整。

单击"图层"面板下方的"创建新的填充或调整图层" ⊘.按钮，在下拉菜单中选择"照片滤镜"，在打开的"属性"面板中设置参数，然后单击"属性"面板下方的"此调整剪切到此图层" ⭲□ 按钮，使照片滤镜图层只作用于其下方的人像图层 13 14 。

添加"曲线"，在打开的"属性"面板中调整曲线，整体提亮图像 15 16 。

添加"可选颜色"，在打开的"属性"面板中设置参数，调整图像中红的颜色 17 18 。

添加"曲线"，在打开的"属性"面板中调整绿色通道的曲线，然后选择曲线图层蒙版，将蒙版反转为反相蒙版，选择白色柔角画笔，在画面中人物腿部的皮肤处擦拭，以改变人物腿部的肤色 19 20 。

新建图层，为图层填充黑色，然后执行"滤镜 > 渲染 > 镜头光晕"命令，在弹出的"镜头光晕"对话框中设置参数，单击"确定"按钮结束，并设置图层的混合模式为"滤色"，最终效果如图所示 21 22 。

7.7 婚纱照调色

本案例主要讲解怎样调整婚纱照一类的照片，本例中的调色为小清新色调。

原始文件：	Chapter 07/Media/7-7.jpg
最终文件：	Chapter 07/Complete/7-7.psd
视频文件：	Chapter 07/7-7.avi

难易程度：★★★☆☆

01 修整照片瑕疵

本小节主要使用"矩形选框工具"对照片背景上的瑕疵进行修整。

在婚纱摄影后期的调整中需要做的是对穿帮和瑕疵的修整以及人物身形的修整，除此之外，只根据片子本身的特点进行色调的调整以及氛围的渲染即可。在本案例中主要对图像本身的色调做了调整，整体上降低了片子的饱和度。每张片子都会有不同的修调方法，主要源于每个修图师对照片的理解不尽相同，在准确把握片子主题的基础上发挥自己的想象，就可以修调出满意的作品了。

执行"文件 > 打开"命令，在弹出的"打开"对话框中选择素材文件，单击"打开"按钮将其打开01。

按 Ctrl+J 组合键复制"背景"图层02。

单击工具箱中的"矩形选框工具"按钮，在画面中框选出瑕疵部位选区03。

案例效果对比

02　调整色调

本小节主要对画面中的瑕疵进行了修复，针对阴影选区利用"曲线"提亮，再添加"色阶"等调整图层调整图片的色调。

按 Ctrl+T 组合键，向右拉长选区，修复瑕疵，然后按 Enter 键结束04。

按 Ctrl+Alt+2 组合键载入高光区域选区，再按 Shift+Ctrl+I 组合键将高光选区反向为阴影选区05 06。

单击"图层"面板下方的"创建新的填充或调整图层" ⊘.按钮，在下拉菜单中选择"曲线"，在打开的"属性"面板中调整曲线07 08。

单击"图层"面板下方的"创建新的填充或调整图层" ⊘.按钮，在下拉菜单中选择"色阶"，在打开的"属性"面板中设置参数09 10。

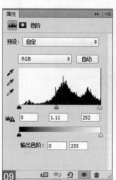

新建图层，单击工具箱中的"画笔工具" ✍ 按钮，在选项栏中设置画笔为柔角画笔，降低画笔的不透明度，设置前景色为黄色（R：255，G：255，B：0），在画面中草的区域进行涂抹 ，并设置图层的混合模式为"柔光" 。

利用相似的方法使用绿色画笔在画面中绿色的草的区域涂抹 ，完成后设置图层的混合模式为"柔光"、不透明度为65% 。

单击工具箱中的"矩形选框工具" ▦ 按钮，在画面的右上方绘制矩形选区 。

新建图层，单击工具箱中的"渐变工具" ▣ 按钮，在选项栏中单击"渐变编辑器" ▬ 按钮，弹出"渐变编辑器"对话框，设置渐变条，单击"确定"按钮结束，在矩形选区中绘制线性渐变  。

设置图层的混合模式为"滤色"、不透明度为53% 。

单击"图层"面板下方的"添加图层蒙版" ▢ 按钮，为图层添加蒙版，然后选中蒙版，利用黑色柔角画笔涂抹隐藏画面中渐变边缘的棱角，使画面更加自然  。

按 Ctrl+Alt+2 组合键载入画面高光选区，然后添加"曲线"图层，在打开的"属性"面板中调整曲线 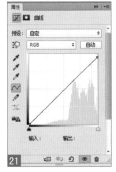 。

单击"图层"面板下方的"创建新的填充或调整图层" ● .按钮，在下拉菜单中选择"曲线"，在打开的"属性"面板中调整曲线 23 24 。

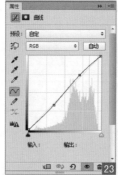 

选择黑色柔角画笔，选中曲线图层蒙版，将过亮的人物脸部擦正常 25 26 。

按 Shift+Ctrl+Alt+E 组合键盖印图层 27 ，然后复制"背景"图层，并将其移动到最顶层，在按住 Alt 键的同时单击"图层"面板下方的"添加图层蒙版" ■ 按钮添加反相蒙版 28 。

单击工具箱中的"画笔工具" ✎ 按钮，在选项栏中设置画笔为柔角画笔，设置前景色为白色，然后选中蒙版，在画面中涂抹出人物婚纱及钢琴部分的细节 29 30 。

7.8 冲击力强的室内空间塑造

本案例主要讲解通过添加"曲线""色阶""色相/饱和度"等打造冲击力强的室内空间塑造。

难易程度：★★★☆☆

原始文件：	Chapter 07/Media/7-8.jpg
最终文件：	Chapter 07/Complete/7-8.psd
视频文件：	Chapter 07/7-8.avi

01 导入素材

本小节使用了"文件 > 打开"命令，导入素材图片，并对图片进行了复制。

本案例图片存在的最大问题是构图不合理，画面微微倾斜，给人以重心不稳的感觉，另外，人物肤色的饱和度过高，使得皮肤看起来不自然，针对以上存在的问题加以调整即可。最后需要提亮主体、压暗背景，使得人物和背景相分离，让画面看起来更具有层次感。

执行"文件 > 打开"命令，在弹出的"打开"对话框中选择素材文件，单击"打开"按钮将其打开 01 02。

按 Ctrl+J 组合键复制"背景"图层 03 04。

案例效果对比

02 调整色调

本小节首先通过"标尺工具"拉直图层，再载入阴影选区，通过添加"曲线"提亮图片。

单击工具箱中的"标尺工具"按钮，放大图像，然后在画面中选择倾斜的直线，利用标尺工具沿着直线拉出标尺05，完成后单击选项栏中的"拉直图层"按钮，拉直图像06。

单击"图层"面板下方的"创建新的填充或调整图层" ●.按钮，在下拉菜单中选择"曲线"，在打开的"属性"面板中调整曲线07 08。

盖印图层，按 Ctrl+Alt+2组合键载入图像的高光选区，再按 Shift+Ctrl+I 组合键翻转为阴影选区09，单击"图层"面板下方的"创建新的填充或调整图层" ●.按钮，在下拉菜单中选择"曲线"，在打开的"属性"面板中调整曲线10 11。

载入图像的高光选区，添加"曲线"，在"属性"面板中调整曲线12 13。

03 继续调整色调

本小节主要通过添加"曲线""色阶""色相／饱和度""渐变映射"等调整图片的色调，并增强人物和背景的对比。

添加"曲线"，在打开的"属性"面板中调整 RGB、红、绿、蓝通道的曲线 14 15 16 17，效果如图所示 18。

添加"色阶"，在打开的"属性"面板中设置参数 19，效果如图所示 20。

添加"色相／饱和度"，在打开的"属性"面板中设置全图、红色、黄色参数 21 22 23，效果如图所示 24。

添加"渐变映射"，在打开的"属性"面板中设置黑色到白色的渐变 25，并设置图层的混合模式为"柔光"、不透明度为60%，效果如图所示 26。

按 Shift+Ctrl+Alt+E 组合键盖印图层，并使上一盖印图层和这一盖印图层之间的所有图层前面的眼睛图标不显示27 28。

添加图层蒙版，选择黑色柔角画笔，设置画笔的不透明度为 75% ~ 85% 之间的某一数值，在画面中的人物区域涂抹，将人物整体擦回原来的颜色，再使用白色柔角画笔，设置不透明度为 25%，在人物身上的高光区域涂抹29 30。

新建图层，设置红色柔角画笔，并降低不透明度，在人物的头发处涂抹31，然后设置图层的混合模式为"柔光"、不透明度为 60%32 33。

添加"曲线"，在"属性"面板中调整绿通道和蓝通道的曲线34 35，然后选中曲线蒙版，按 Ctrl+I 组合键反相，选择白色柔角画笔在人物眼皮处涂抹，做成眼影效果36。

利用相似的方法改变人物嘴唇的颜色37 38 39 40。

新建图层，为图层填充中灰色，并设置图层的混合模式为"柔光"，然后选择黑色柔角画笔，在画面中背景的裂纹上涂抹，加深裂纹的颜色41。

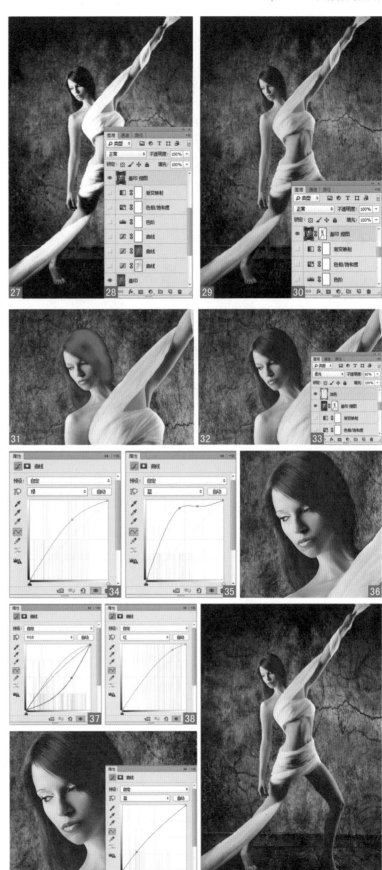

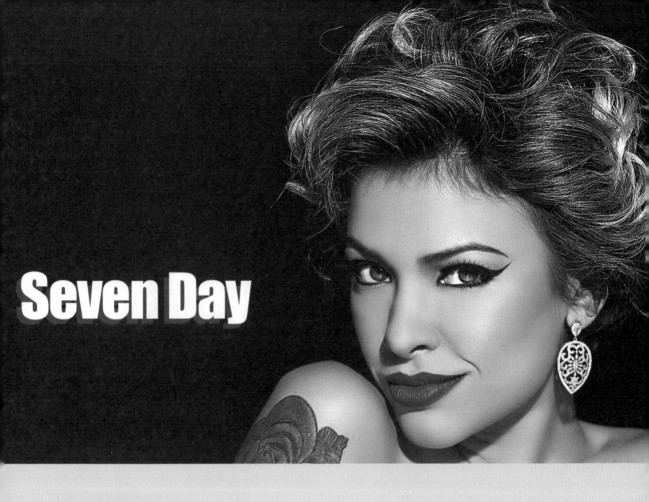

Seven Day

7.9　皮肤的深层次打磨

本案例主要讲解怎样通过轻微磨皮和精细磨皮对人物的皮肤进行深层次的打磨。

难易程度: ★★★★☆

原始文件:	Chapter 07/Media/7-9.jpg
最终文件:	Chapter 07/Complete/7-9.psd
视频文件:	Chapter 07/7-9.avi

01 导入素材并分析

本小节对素材文件进行了系统分析，涉及对人物肤色和发丝进行调整等操作。

对皮肤进行深层次打磨一般包含对皮肤瑕疵的修整、穿帮的修整、脸型和形体的液化、肤色的调整以及整体色调的变换等。在实际操作中所有的操作都应该是适度的，以此来保证人像修调后的真实与自然。在初调后还需要对整体的画面做光影调节，以增强图像的立体感和层次感，使图像该亮的地方亮起来，该暗的部分暗下去。注意，在发丝部分应该做适当的提亮操作，以体现发丝的层次感。除此之外，眼睛部分应该适度锐化，这样会使人物的目光看起来更加有神，只有将图像中的细节部分处理到位，这样的片子才能够更加精致、唯美。

执行"文件 > 打开"命令，在弹出的"打开"对话框中选择素材文件，单击"打开"按钮将其打开 01 02。

按 Ctrl+J 组合键复制"背景"图层 03 04。

案例效果对比

02 精细修图

本小节主要对图片中的人物皮肤进行轻微磨皮，添加"曲线"调整图片色调，并通过"修补工具"修补人物面部的瑕疵。

复制"背景"图层后，执行"滤镜＞Imagenomic＞Portaiture"命令，在弹出的 Portaiture 对话框中设置参数，单击"确定"按钮，完成轻微磨皮05 06。

单击"图层"面板下方的"创建新的填充或调整图层" 按钮，在下拉菜单中选择"曲线"，在打开的"属性"面板中调整曲线07，然后选择曲线蒙版，按Ctrl+I 组合键将其变为反相蒙版，选择不透明度为 50% 的白色柔角画笔在画面中人物的暗部区域涂抹08。

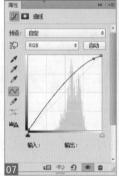

再次添加"曲线"，在打开的"属性"面板中调整曲线09，然后选择曲线蒙版，按 Ctrl+I 组合键将其变为反相蒙版，选择不透明度为 50% 的白色柔角画笔在画面中人物头发的暗部区域涂抹10。

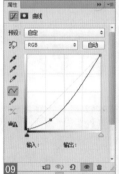

按 Shift+Ctrl+Alt+E 组合键盖印图层，然后单击工具箱中的"修补工具" 按钮，在画面中圈选人物脸上的瑕疵11，将选区拖曳到其他皮肤处完成修复12，接着利用相似的方法修复所有瑕疵13。

03　人物磨皮

本小节主要对图片中的人物皮肤利用"高反差保留"进行磨皮，并利用"液化"修整人物眼睛的形状。

盖印图层，按 Ctrl+I 组合键反相，并设置图层的混合模式为"线性光"14 15。

执行"滤镜＞其他＞高反差保留"命令，在弹出的"高反差保留"对话框中设置参数，单击"确定"按钮16 17。

执行"滤镜＞模糊＞高斯模糊"命令，弹出"高斯模糊"对话框，在其中设置参数，单击"确定"按钮结束18 19。

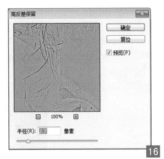

为图层添加反相蒙版，然后选中蒙版，利用白色柔角画笔在画面中人物的皮肤处涂抹，完成磨皮20 21。

执行"滤镜＞液化"命令，在弹出的"液化"对话框中单击"向前变形工具" 按钮，向上改变人物右眼的形状22，单击"确定"按钮结束23。

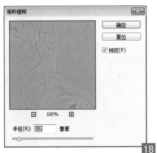

04 锐化

本小节主要对图片中的人物眼球添加"USM 锐化"锐化人物眼球，对图片整体添加"USM 锐化"，以增加画面锐度。

单击工具箱中的"套索工具" ♀按钮，在画面中绘制人物的右眼球选区24。

执行"滤镜＞锐化＞USM 锐化"命令，在弹出的"USM 锐化"对话框中设置参数，单击"确定"按钮结束25 26。

盖印图层，执行"滤镜＞锐化＞USM 锐化"命令，在弹出的"USM 锐化"对话框中设置参数，单击"确定"按钮结束27。为图层添加蒙版，利用黑色柔角画笔涂抹掩盖锐化对人物脸部和身体的作用，完成对头发的锐化28。

本例到这里就完成了，接下来可以适当添加文字效果作为修饰，最终效果如图所示29。

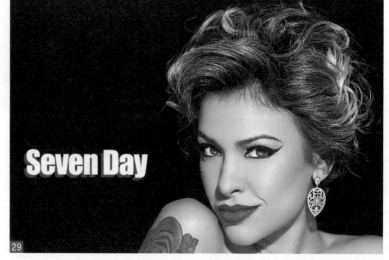

7.10 男士照片精修

本案例主要讲解针对男士面部进行精修, 本例中涉及利用调整图层校正人物肤色, 使光影和颜色一致。

难易程度: ★★★★☆

原始文件:	Chapter 07/Media/7-10.jpg
最终文件:	Chapter 07/Complete/7-10.psd
视频文件:	Chapter 07/7-10.avi

01 案例分析

本小节主要对案例进行了分析，涉及修图中要注意的一些问题。

在对男士照片修图中应该注意对面部轮廓的修调和图像整体色调的处理，在本案例中通过观察可以发现以下几个问题：首先是背景与人物没有形成强烈的对比，如果希望整体画面呈现出整洁和精致的感觉，背景的处理是十分关键的；除此之外，人物的肤色偏红，并且局部的阴影过重，也是一个需要调整的地方。处理完以上存在的问题之后就是对人物面部光影的修调和整体色调的调整，在男士照片的修图中可以适当降低图像的饱和度，使片子看起来更加干净。

执行"文件＞打开"命令，在弹出的"打开"对话框中选择背景素材文件，单击"打开"按钮将其打开 01 02。

案例效果对比

02　精细修图

　　本小节主要进行人物抠图、更换背景，添加"色相／饱和度"调整图片色调，并对人物皮肤进行轻微磨皮。

　　单击工具箱中的"魔棒工具" 按钮，在画面中单击图像背景载入图像背景选区，然后按Shift+Ctrl+I组合键反向载入人物选区，按Ctrl+J组合键复制人物，完成人像抠图 03 04。

　　选择"背景"图层，单击"图层"面板下方的"创建新图层" 按钮新建图层，并取消"人像抠图"图层前面的眼睛图标。单击工具箱中的"渐变工具" 按钮，在选项栏中单击"渐变编辑器" 按钮，在弹出的"渐变编辑器"对话框中设置从白色到青色的渐变，在画面中绘制如图所示的径向渐变 05 06。

　　打开"人像抠图"图层前面的眼睛图标，盖印图层，然后添加"色相／饱和度"，在打开的"属性"面板中设置参数 07 08。

　　盖印图层，执行"滤镜＞Imagenomic＞Portraiture"命令，在弹出的Portraiture对话框中设置参数，然后单击"确定"按钮结束，完成轻微磨皮 09 10。

03 精细修图

本小节主要通过添加"曲线""自然饱和度""亮度 / 对比度"等调整图层对人物的肤色进行调整。

添加"曲线"，在打开的"属性"面板中调整 RGB 通道和红色通道曲线，然后选中曲线蒙版，按 Ctrl+I 组合键将蒙版转化为反相蒙版，再选择白色柔角画笔，在画面中的人物身体区域涂抹。

添加"自然饱和度"，在打开的"属性"面板中设置参数，调整图像的自然饱和度。

添加"亮度 / 对比度"，在打开的"属性"面板中设置参数，之后调整图像的亮度 / 对比度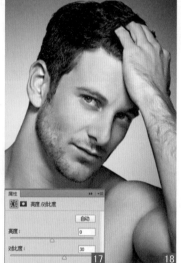。

盖印图层，执行"滤镜 > 锐化 > USM 锐化"命令，在弹出的"USM 锐化"对话框中设置参数，单击"确定"按钮结束。

添加"色相／饱和度"，在打开的"属性"面板中设置参数，之后调整图像的色相／饱和度 21 22 。

添加"渐变映射"，在打开的"属性"面板中设置渐变为从黑色到白色的渐变，并选择"反向"复选框，效果如图所示 23 24 。

按 Shift+Ctrl+Alt+E 组合键盖印图层，放大瑕疵部位，然后选择柔角画笔，按住 Alt 键在瑕疵周围选取颜色 25 ，在瑕疵部位进行涂抹，修复瑕疵， 26 为修复了眼球红血丝、眼角以及眉毛瑕疵后的图像。

添加"曲线"，在打开的"属性"面板中调整曲线，调整图像的颜色 27 28 。

选择"套索工具"，在画面中绘制载入人物眼球区域，然后添加"曲线"，在打开的"属性"面板中调整 RGB、绿、蓝通道曲线，改变人物眼球的颜色 29 30 31 32 。

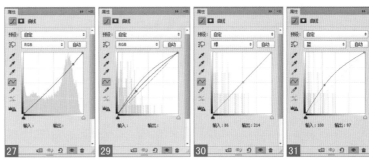

7.11 女性人像照片精修

在对女士照片精修时应该注意整体光线的调整、肤色的调整、光影的调整，以及人物身形的修整和整体氛围的渲染等。

难易程度：★★★★☆

原始文件：	Chapter 07/Media/7-11.psd
最终文件：	Chapter 07/Complete/7-11.psd
视频文件：	Chapter 07/7-11.avi

01 液化形体

本小节主要使用了"液化"滤镜，对人物的胳膊和肚子部分进行了液化处理，将人物变瘦。

在修调人物肤色时首先需要考虑皮肤偏色的问题，接下来考虑肤色不匀的问题，要根据不同的情况选择不同的方式对皮肤进行修整。在本案例中通过观察可以发现照片本身的曝光还是比较准确的，因此在初调之后，除了调整偏色和肤色不匀以外需要将大部分精力放在对人物皮肤的修整以及对面部光影的塑造上，这是一个耐心、细致的工作。

执行"文件＞打开"命令，在弹出的"打开"对话框中选择素材文件，单击"打开"按钮将其打开 01 02。

复制"背景"图层，将其复制的图层名称修改为"液化"，然后执行"滤镜＞液化"命令，在弹出的"液化"对话框中单击"向前变形工具" 🖉 按钮对人物进行液化处理，单击"确定"按钮完成 03 04。

案例效果对比

02　对人物进行提亮

首先执行"计算"命令，然后添加"曲线"图层将人物提亮。

选择"液化"图层，执行"图像＞计算"命令，在弹出的对话框中设置通道为"灰色"，并选择"反相"复选框，单击"确定"按钮完成。在"通道"面板中选择"Alpha1"通道，按住 Ctrl 键单击"Alpha1"通道创建选区，然后回到"图层"面板中。单击"图层"面板下方的"添加新的填充或调整图层" 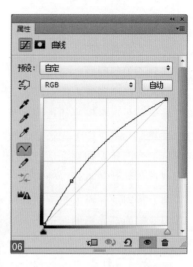 按钮，在弹出的下拉菜单中选择"曲线"选项，然后在打开的面板中设置曲线参数，使人物变亮 05 06 07 08 。

按 Ctrl+Shift+Alt+E 组合键盖印可见图层，然后创建一个曲线图层，设置参数，接着选择画笔工具，设置前景色为黑色，在页面上涂抹隐藏部分曲线效果 09 10 11 。

03 添加背景

本小节主要添加渐变背景图层，将人物进行抠图，然后将人物阴影区域部分提亮。

新建一个"渐变背景"图层，然后单击工具箱中的"渐变工具"![]按钮，在选项栏中选择"径向渐变"，设置颜色为灰色（R：96，G：96，B：96）到白色，在页面上拖曳鼠标为其填充渐变色。接着添加"曲线"图层，设置参数，将图像的色调进行调整，然后将人物进行抠图 12 13。

单击工具箱中的"魔棒工具"![]按钮，选择人物身上的阴影部分，按 Ctrl+C 和 Ctrl+V 组合键复制，并将复制的图层名称修改为"局部阴影"。继续创建一个"色阶"图层，设置色阶参数，将其效果只应用于"局部阴影"图层 14 15 16。

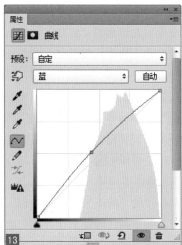

04 对人物的色调进行调整

首先将人物的瑕疵进行修整，再对人物局部的皮肤进行处理，最后对人物的衣服、头发、裤子等进行加色，并对人物的整体色调进行调整。

盖印可见图层并命名为"液化"，然后执行"滤镜＞液化"命令，在弹出的"液化"对话框中液化人物的头发部位，使其更加圆滑。复制"液化"图层，将复制的图层名称修改为"瑕疵修整"，然后单击工具箱中的"修补工具"按钮，将人物胳膊肘的部位进行修整 **17** **18**。

继续盖印可见图层，单击工具箱中的"减淡工具" 按钮，对人物皮肤比较深的部分进行减淡，然后单击工具箱中的"加深工具" 按钮，对人物皮肤比较亮的部分进行压暗 **19** **20**。

使用"液化"命令将人物的形体进行液化，并添加一个"曲线"图层，设置参数，然后盖印可见图层。按 Ctrl+I 组合键进行反向选取，将图层的混合模式修改为"线性光"，然后执行"滤镜＞其他＞高反差保留"命令，设置参数，继续执行"滤镜＞模糊＞高斯模糊"命令，并设置参数。为图层添加一个反相蒙版，设置前景色为白色，在图像上进行涂抹，将部分效果显示 **21** **22**。

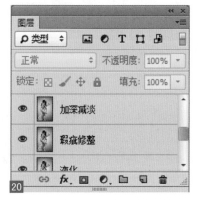

单击工具箱中的"快速选择工具"按钮，将头发进行选择并复制，然后选择复制的头发图层，执行"图像＞调整＞色相／饱和度"命令，在弹出的"色相／饱和度"对话框中设置参数将头发的颜色进行改变，接着使用同样的方法将人物衣服与裤子的颜色进行调整 23 24 。

创建曲线图层，调整背景颜色的色调，将人物脸部进行抠图，然后调整"脸部"图层的混合模式为"滤色"、不透明度为66%，继续创建曲线图层，将该曲线图层只作用于嘴唇部位 25 26 。

执行"图层＞新建＞图层"命令，在弹出的对话框中设置模式为"柔光"，并选择"填充柔光中性色"复选框，单击"确定"按钮完成，然后将该图层名称修改为"中灰"，使人物看起来更具有立体感，案例完成 27 28 。

7.12　处理白皙的肤色

在修调图像中还应该注意调整其明暗关系,以增强图像本身的质感与厚度,通过明暗关系的调整使整体画面看起来更具有层次感与立体感。

难易程度:★★★★☆

原始文件:	Chapter 07/Media/7-12.jpg
最终文件:	Chapter 07/Complete/7-12.psd
视频文件:	Chapter 07/7-12.avi

01　案例分析

在本小节中可以看到人物的背部有瑕疵，而且背部的皮肤很粗糙，所以在后面制作要对这两个问题进行处理。

很多读者会疑惑为什么在修图过程中要建立黑白的观察图层，在这里给大家简单讲解一下其中的缘故。首先，黑白亮色可以提高我们对画面的造型能力和光影的塑造能力，于是我们可以将所有的照片转换成黑白模式，然后再进行细心观察，最终在黑白模式中将素描关系进行强化，这是其基本的原理。在完成以上操作之后，再将其转换回彩色图片进行调色。

执行"文件 > 打开"命令，在弹出的"打开"对话框中选择素材文件，单击"打开"按钮将其打开，然后按 Ctrl+J 组合键复制"背景"图层 01　02。

案例效果对比

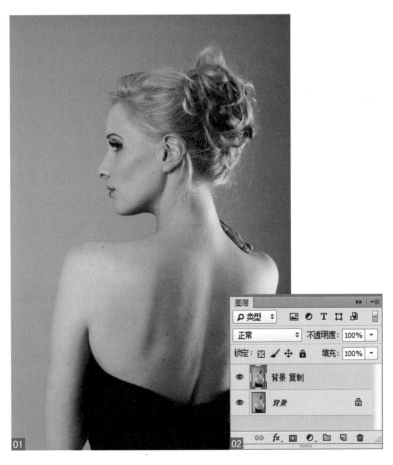

02 对人物皮肤进行处理

利用"液化"命令调整人物形体，通过"曲线"命令提亮图像颜色，然后添加"中灰"图层，利用黑白画笔加深、减淡图像的颜色，利用双曲线修图。

执行"滤镜＞液化"命令，在弹出的"液化"对话框中对画笔大小以及画笔压力进行设置，然后单击"确定"按钮，在图像中对人物的脸型、头发等部分进行液化处理，效果如图所示03 04。

单击"图层"面板下方的"创建新的填充或调整图层" ◎. 按钮，在弹出的下拉菜单中选择"曲线"选项，在打开的面板中对其参数进行设置，然后单击"确定"按钮，效果如图所示05 06。

盖印图层，然后新建图层，设置前景色为中灰色，为图层填充中灰色，设置图层的混合模式为"柔光"，并将新建的图层命名为"中灰"。单击工具箱中的"画笔工具" ✎ 按钮，依次将前景色设置为黑色和白色，对图像中的光影进行调整，效果如图所示07 08。

单击"图层"面板下方的"创建新的填充或调整图层" ◎. 按钮，在弹出的下拉菜单中选择"纯色"选项，在弹出的"拾色器（纯色）"对话框中设置颜色为黑色，在"图层"面板中设置该图层的混合模式为"颜色"09 10。

使用同样的方法添加"颜色填充 2"图层，设置图层的混合模式为"叠加"、不透明度为57% 11 12。

在"中灰"图层上添加"曲线"图层，在"属性"面板中调整曲线。然后选中"曲线"蒙版，按Ctrl+I组合键将蒙版反转为反相蒙版13 14。

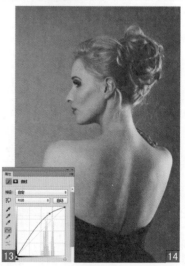

单击"图层"面板下方的"创建新的填充或调整图层" ○. 按钮，在弹出的下拉菜单中选择"曲线"，在打开的面板中调整曲线。选中曲线图层蒙版，按 Ctrl+I 组合键将蒙版反转为反相蒙版 15 16 。

单击工具箱中的"画笔工具" ／ 按钮，选择白色柔角画笔，对图像中的亮点部位在压暗的曲线图层蒙版中进行涂抹，压暗亮点；对图像中的暗点部位在提亮的曲线图层蒙版中进行涂抹，提亮暗点 17 18 。

关闭颜色填充 1 和颜色填充 2 图层前面的眼睛，按 Shift+Ctrl+Alt+E 组合键盖印图层。单击工具箱中的"魔棒工具" ＼ 按钮，设置容差数值为 25，对画面中的黑色裙子区域进行点选。执行"选择＞修改＞羽化"命令，在弹出的"羽化选区"对话框中对羽化参数进行设置，然后单击"确定"按钮。按 Ctrl+J 组合键对所选区域进行复制，并将复制图层命名为"裙子部分"，然后在"图层"面板中设置图层混合模式为"滤色"、"不透明度"为 50%，效果如图所示 19 20 。

添加"可选颜色"，在打开的"属性"面板中设置参数，调整图像中对应颜色的色调 21 22 。

添加"曲线"，在打开的"属性"面板中调整曲线，调整图像的色调，最终效果如图所示 23 24 25 26 。

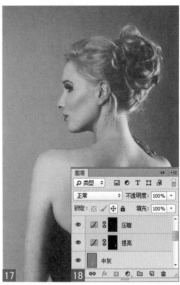

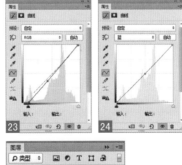

7.13 高低频综合修图

本案例主要讲解怎样重新构图强化整体素描关系以及加重立体感和厚重感。

难易程度：★★★★☆

原始文件：	Chapter 07/Media/7-13.jpg
最终文件：	Chapter 07/Complete/7-13.psd
视频文件：	Chapter 07/7-13.avi

01 案例分析

在本小节中可以看到，原图的背景过于凌乱，因此在制作时首先要进行背景的替换和制作。

案例效果对比

在图像调整中，除了对图像本身的瑕疵和穿帮的修调、光影的调整以及色彩的调整外，还有一个非常重要的方面就是强化图像本身的素描关系，以此来增强画面的层次感与立体感。在本案例中除了整体亮度偏暗之外，最大的问题在于作为画面主体的人物部分几乎和背景融为一体，因而缺乏层次感。针对这一现象需要将人物部分单独提出来，同时使背景部分向后"退"，这样主体和背景部分相分离，就形成了一定的景深，使得画面更加立体。

执行"文件＞打开"命令，在弹出的"打开"对话框中选择素材文件，单击"打开"按钮将其打开。

按 Ctrl+J 组合键复制"背景"图层02。

02 人物抠图

本小节主要通过"钢笔工具"对图片中的人像进行抠图并替换背景，然后通过"曲线"调整图片的颜色。

单击工具箱中的"钢笔工具"按钮，在选项栏中设置工具的模式为"路径"，在画面中绘制人物路径，然后按 Ctrl+Enter 组合键将路径转化为选区03，按 Ctrl+J 组合键复制选区内的图像04。

新建图层，单击工具箱中的"渐变工具"按钮，在选项栏中单击"渐变编辑器"按钮，弹出"渐变编辑器"对话框，设置紫色到白色的渐变，单击"确定"按钮05。在画面中绘制径向渐变，并将渐变图层移动到"人像抠图"图层的下方06。

关闭除"人像抠图"图层外的所有图层前的眼睛图标，然后选择"人像抠图"图层，按 Ctrl+Alt+2 组合键载入高光选区，并添加"曲线"，在打开的"属性"面板中调整曲线07。在按住 Alt 键的同时在两个图层间单击，使曲线图层只作用于"人像抠图"图层，然后打开其他图层前面的眼睛图标08。

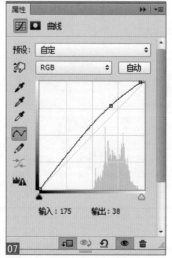

03　精细修图

本小节主要通过"修补工具"对图片中人像脸部的瑕疵进行修复，并利用自由变换重新构图，利用高低频修图。

按 Shift+Ctrl+Alt+E 组合键盖印图层，然后单击工具箱中的"修补工具" 按钮，在画面中圈选人物脸上的瑕疵09，将选区拖曳到其他皮肤处完成修复10，并利用相似的方法修复所有瑕疵11。

盖印图层，按 Ctrl+T 组合键自由变换图像大小12，然后按 Enter 键结束13。

盖印图层，按 Ctrl+I 组合键反相，并设置图层的混合模式为"线性光"14。

执行"滤镜＞其他＞高反差保留"命令，弹出"高反差保留"对话框，设置参数，然后单击"确定"按钮结束15 16。

执行"滤镜＞模糊＞高斯模糊"命令，弹出"高斯模糊"对话框，设置参数，然后单击"确定"按钮结束 17 18。

为图层添加反相蒙版，然后选中蒙版，利用白色柔角画笔在画面中人物的皮肤处进行涂抹，完成磨皮 19 20。

添加"曲线"，在打开的"属性"面板中调整曲线，然后选中曲线蒙版，利用黑色柔角画笔在画面中除背景以及人物头发外的区域涂抹，压暗背景 21 22。

单击工具箱中的"画笔工具"按钮，在选项栏中设置画笔为柔角画笔、不透明度为50%，设置前景色为酒红色，在画面中人物的头发处涂抹，并设置图层的混合模式为"柔光" 23。

添加"曲线"，在打开的"属性"面板中调整曲线，然后选中曲线蒙版，按 Ctrl+I 组合键转化为反相蒙版，并利用白色柔角画笔在画面中人物的脸部及手部皮肤处涂抹，提亮人物的肤色 24 25。

利用相似的方法提亮人物腿部皮肤的肤色 26。

04 调整色调

本小节主要通过添加"可选颜色"改变人物嘴唇和指甲的颜色，再通过"USM 锐化"增强画面的锐度，最后通过"曲线"调整整体色调。

利用钢笔工具绘制人物嘴唇和指甲的路径，并将路径转化为选区，然后添加"可选颜色"，在打开的"属性"面板中设置红色和洋红的参数，改变人物嘴唇和指甲的颜色27 28 29。

新建图层，为图层填充中灰色，并设置图层的混合模式为"柔光"，然后利用不透明度 50% 的黑色柔角画笔在画面四周涂抹，加深背景的颜色30。

盖印图层，执行"滤镜＞锐化＞USM 锐化"命令，在弹出的"USM 锐化"对话框中设置参数，单击"确定"按钮结束31 32。

添加"曲线"，在打开的"属性"面板中调整曲线33。然后选中曲线蒙版，选择黑色柔角画笔，降低画笔的不透明度，在人物的皮肤处进行涂抹34。

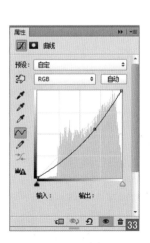

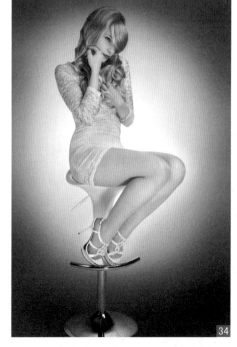

7.14 拉开空间层次

本案例主要讲解怎样对一张室内人像进行整体调整与修饰。

原始文件:	Chapter 07/Media/7-14.jpg
最终文件:	Chapter 07/Complete/7-14.psd
视频文件:	Chapter 07/7-14.avi

难易程度：★★★★☆

01　案例分析

　　原图整体曝光不足，使暗部细节有所缺失，在制作的时候要对图像进行提亮处理。

　　在对室内人像修图时应该注意观察图像中的瑕疵，例如形体、配色以及面部瑕疵等，如果室内光线不充足，在没有专业补光工具的配合下照出的图片难免灰暗，所以在修图时要格外注意对光线的调整。

　　执行"文件＞打开"命令，在弹出的"打开"对话框中选择素材文件，单击"打开"按钮将其打开01。

　　按 Ctrl+J 组合键复制"背景"图层02。

案例效果对比

02 颜色调整

本小节主要进行背景素材色调的调整，将背景素材通过"曲线"命令调成适合的色调。

单击"图层"面板下方的"创建新的填充或调整图层" ◑. 按钮，在下拉菜单中选择"曲线"，在打开的"属性"面板中调整曲线 03 04 。

按 Shift+Ctrl+Alt+Enter 组合键盖印图层，然后按 Ctrl+Alt+2 组合键载入高光选区，再按 Shift+Ctrl+I 组合键将其反转为阴影选区 05 。

按 Ctrl+J 组合键复制阴影选区，并设置图层的混合模式为"滤色"，设置图层的不透明度为 28% 06 。

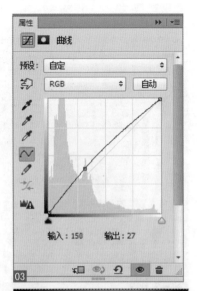

03 精细修图

本小节主要通过添加"色阶"调整图像的色调，添加"USM锐化"增强图片细节，利用"修补工具"修复人物脸部瑕疵，执行"高斯模糊"命令修整人物皮肤。

单击"图层"面板下方的"创建新的填充或调整图层" ○. 按钮，在下拉菜单中选择"色阶"，在打开的"属性"面板中设置参数 07 08 。

按 Shift+Ctrl+Alt+Enter 组合键盖印图层，然后执行"滤镜>锐化>USM锐化"命令，在弹出的"USM锐化"对话框中设置参数，单击"确定"按钮结束 09 10 。

按 Shift+Ctrl+Alt+Enter 组合键盖印图层，放大人物脸部观察人物脸上的瑕疵，然后单击工具箱中的"修补工具" 按钮，在画面中圈选人物脸部的瑕疵 11 ，将选区移动到其他皮肤处完成修复 12 。

按 Shift+Ctrl+Alt+Enter 组合键盖印图层，然后执行"滤镜>模糊>高斯模糊"命令，弹出"高斯模糊"对话框，设置参数，单击"确定"按钮结束 13 14 。

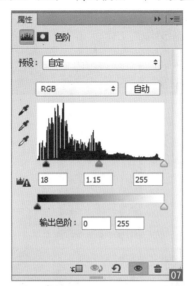

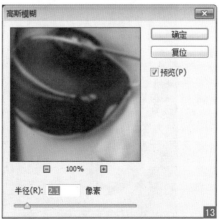

设置图层的不透明度为 40%，在按住 Alt 键的同时单击"图层"面板下方的"添加图层蒙版" 按钮添加黑色蒙版。单击工具箱中的"画笔工具" 按钮，在选项栏中设置画笔为柔角画笔，设置前景色为白色，在蒙版中涂抹出人物脸部的皮肤15 16。

按 Shift+Ctrl+Alt+Enter 组合键盖印图层，然后执行"滤镜＞液化"命令，弹出"液化"对话框，单击"向前变形工具"按钮，在画面中修整人物的头发及身体细节，单击"确定"按钮结束17 18。

单击"图层"面板下方的"创建新图层" 按钮新建图层。单击工具箱中的"渐变工具"按钮，在选项栏中单击"渐变编辑器" 按钮，在弹出的"渐变编辑器"对话框中设置渐变条，单击"确定"按钮，然后单击选项栏中的"径向渐变"按钮，在画面中绘制渐变19 20。

单击渐变图层前面的眼睛图标将其关闭，单击工具箱中的"钢笔工具"按钮，在选项栏中设置工具的模式为"路径"，在画面中绘制人物轮廓路径，然后按 Ctrl+Enter 组合键将路径转化为选区21，按 Ctrl+J 组合键复制画面中的选区，接着显示渐变图层，将抠出的人物图层移动到渐变图层的上方，并自由变换人物的大小及位置22。

04 色调调整

本小节主要通过"画笔工具"添加阴影，通过"钢笔工具"和"画笔工具"修复眼镜镜片的瑕疵，通过选区结合"曲线"调整人物嘴唇、眼球的颜色。

新建图层，单击工具箱中的"画笔工具" ✔ 按钮，在选项栏中设置画笔为柔角画笔，设置前景色为深灰色，并将图层移动到人物图层下方，在画面中绘制阴影23 24。

选择人物图层，单击工具箱中的"钢笔工具" ✍ 按钮，在选项栏中设置工具的模式为"路径"，在画面中绘制人物一侧眼镜的镜片，按 Ctrl+Enter 组合键将路径转化为选区25。按 Ctrl+J 组合键复制镜片，单击工具箱中的"画笔工具" ✔ 按钮，在选项栏中设置画笔为柔角画笔，设置前景色为深灰色、背景色为棕色，在镜片区域使用前景与背景相交绘制镜片26，然后使用同样的方法绘制另一侧镜片27。

选择人物图层，单击工具箱中的"钢笔工具" ✍ 按钮，在选项栏中设置工具的模式为"路径"，在画面中绘制人物嘴唇路径，然后按 Ctrl+Enter 组合键将路径转化为选区28。

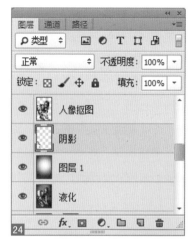

　　选择"图层"面板最上方的图层，单击"图层"面板下方的"创建新的填充或调整图层" ⚪.按钮，在下拉菜单中选择"曲线"，打开"属性"面板，在"属性"面板中分别调整 RGB、红、蓝通道中的曲线29，改变人物嘴唇的颜色30。

　　使用类似的方法改变人物眼睛的颜色31。

　　使用曲线轻微调整人物的发色，使用加深、减淡工具对图像做最后的细节处理32。

7.15

模仿特殊色调

本案例主要讲解怎样利用追色来调整样片，在这个案例中利用晶格化分析图像的三大颜色是一个很重要的知识点。

难易程度：★★★★☆

原始文件：	Chapter 07/Media/7-15-1.jpg、7-15-2.jpg
最终文件：	Chapter 07/Complete/7-15.psd
视频文件：	Chapter 07/7-15.avi

01 色彩分析

在对原图进行色彩分析之前，先使用"晶格化"滤镜处理图片，使图片色彩更加分明。

案例效果对比

人物追色和风景追色在调整颜色的过程中方法是相同的，都是利用晶格化分析图像颜色的分布情况，从而进行追色。

将参考图进行色调分析：对图像01晶格化处理后02通过背景、人物头发以及服装搭配的色块找出其中最具代表性的 3 种颜色03。

将原图04进行色调分析：对图像晶格化处理后05通过背景、人物头发以及服装搭配色块找出其中最具代表性的 3 种颜色06。

通过观察可以发现，在参考图中背景是以黄色为主色调的，并且由于环境光的因素使得图像整体呈现出偏黄的色调，因此黄色可以对应到原片中的背景部分，并且使得图像整体呈现出偏黄的视觉效果。

在参考图中人物的头发是以红色为主的，对应到原图中可以将人物的头发、皮带以及皮鞋等部分追加为红色，再将参考图中裙子的绿色对应到原图中短裤的部分即可。

将追色完成的效果图07再次进行晶格化处理08，使图像色彩的分布情况一目了然09。通过观察可以发现，效果图与参考图的颜色分布情况基本一致，追色操作完成。

执行"文件＞打开"命令，在弹出的"打开"对话框中选择素材文件，单击"打开"按钮将其打开10。

按 Ctrl+J 组合键复制"背景"图层11。

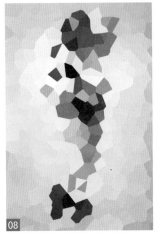

02 提亮暗部

首先载入阴影区域选区，通过滤色图层提亮图像颜色，再绘制径向渐变背景更换图像背景。

按 Ctrl+Alt+2 组合键载入图像中的高光选区，再按 Shift+Ctrl+I 组合键将高光选区反向为阴影选区 12，按 Ctrl+J 组合键复制选区内的区域，设置图层的混合模式为"滤色"、不透明度为 80% 13。

在按住 Alt 键的同时单击"图层"面板下方的"添加图层蒙版" ◻ 按钮，为图层添加反相蒙版。单击工具箱中的"画笔工具" ✎ 按钮，在选项栏中设置画笔为柔角画笔，设置前景色为白色，然后选中图层蒙版，在画面中的人物区域进行涂抹 14 15。

新建图层，单击工具箱中的"渐变工具" ◼ 按钮，在画面中绘制一个白色到黄色的径向渐变 16，并设置图层的混合模式为"变暗" 17。

03 追色

　　本小节主要通过"曲线"对图片的色调做调整，分别载入人物各部位的选区，通过填充颜色、调整混合模式的方法以及调整图层的方法追色。

　　单击"图层"面板下方的"创建新的填充或调整图层" ◐. 按钮，在下拉菜单中选择"曲线"，打开"属性"面板，在"属性"面板中调整蓝通道中的曲线 18 19。

　　再次单击"图层"面板下方的"创建新的填充或调整图层" ◐. 按钮，在下拉菜单中选择"曲线"，打开"属性"面板，在"属性"面板中调整 RGB 通道和蓝通道中的曲线 20，然后选择黑色柔角画笔，选中曲线蒙版，在画面中涂抹隐藏除人物以外的部分 21。

　　单击工具箱中的"钢笔工具" ✎. 按钮，在选项栏中设置工具的模式为"路径"，在画面中绘制人物鞋子的路径，并按 Ctrl+Enter 组合键将路径转换为选区 22。

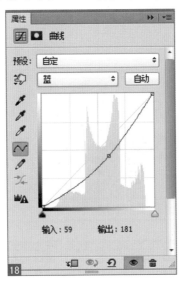

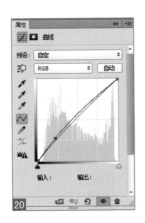

新建图层，设置前景色为红色，按 Alt+Delete 组合键为选区填充颜色，按 Ctrl+D 组合键取消选区，并设置图层的混合模式为"叠加"23，然后利用相似的方法为人物的其他区域上色24。

单击"图层"面板下方的"创建新的填充或调整图层" ⊘. 按钮，在下拉菜单中选择"可选颜色"，打开"属性"面板，在"属性"面板中分别设置红色、黄色和绿色的参数25 26，然后选择黑色柔角画笔，选中可选颜色蒙版，在画面中的人物肤色区域涂抹，将人物的肤色擦回原来的颜色27。

单击"图层"面板下方的"创建新的填充或调整图层" ⊘.按钮，在下拉菜单中选择"色相／饱和度"，打开"属性"面板，在"属性"面板中设置绿色的参数 28 29 。

单击"图层"面板下方的"创建新的填充或调整图层" ⊘.按钮，在下拉菜单中选择"可选颜色"，打开"属性"面板，在"属性"面板中设置黄色的参数 30 ，然后选择黑色柔角画笔，选中可选颜色蒙版，涂抹掩盖画面中除人物上衣以外的区域 31 。

新建图层，为图层填充中灰色（R：128，G：128，B：128），并设置图层的混合模式为"柔光"。选择柔角画笔，设置前景色和背景色分别为黑色和白色，用白色画笔绘制头发高光，用黑色画笔绘制头发阴影，然后切换使用画笔在人物的头发处涂抹出高光以及阴影，在绘制中要根据情况调整画笔的不透明度 32 33 。

单击工具箱中的"钢笔工具"![pen]按钮，在选项栏中设置工具的模式为"路径"，在画面中绘制人物的嘴唇路径，并将路径转化为选区34。

单击"图层"面板下方的"创建新的填充或调整图层"![adj]按钮，在下拉菜单中选择"曲线"，打开"属性"面板，在"属性"面板中调整 RGB、红、蓝通道的曲线35 36。

利用相似的调整曲线的方法对人物的脸部进行提亮37，并加深腰带的颜色38，最终效果如图所示39。

7.16 双曲线修图

本例主要介绍了配合通道 50% 灰和双曲线图层修饰图片以及处理出
立体感。

难易程度：★★★★★

原始文件：	Chapter 07/Media/7-16.jpg
最终文件：	Chapter 07/Complete/7-16.psd
视频文件：	Chapter 07/7-16.avi

01 案例分析

　　本案例最大的问题在于人物面部的光影分布不均匀，脸颊颜色偏红，制作时需要注意。

　　本案例主要以展示人物面部为主，除了背景颜色过暗以外，最主要的问题在于人物面部的光影不均匀，以至于看起来有一种凹凸不平的感觉，缺乏美感，因此在接下来的调整过程中应该将重点放在对人物面部光影的调整上。女性的皮肤本身就是光滑、柔软的，因此在画面中不能出现大面积很生硬的阴影，在光影的过渡上也应该是柔和的、渐进的，以此为依据对图像中的光影部分进行适当加深和减淡，使得画面的整体效果更加立体与唯美。

　　执行"文件 > 打开"命令，在弹出的"打开"对话框中选择背景素材文件，单击"打开"按钮将其打开，然后按 Ctrl+J 组合键复制"背景"图层01 02。

案例效果对比

02　精细修图

首先载入图像阴影选区，通过复制选区内的内容调整图层的不透明度和混合模式提亮阴影区域，再将人物抠图更换背景。

按 Ctrl+Alt+2 组合键载入图像高光选区，再按 Shift+Ctrl+I 组合键反转载入图像阴影选区 03 。

按 Ctrl+J 组合键复制图像阴影选区内容，设置图像的混合模式为"滤色"，然后再次复制图层，设置图层的不透明度为 50% 04 05 。

单击"图层"面板下方的"创建新组"命令，将复制的两个图层拖入组内，为组添加蒙版，然后选择黑色柔角画笔，降低画笔的不透明度，在画面中的人物皮肤过亮处涂抹 06 07 。

盖印图层，单击工具箱中的"魔棒工具"按钮，在选项栏中选择"连续"复选框，分别在画面中的背景处单击加选载入背景选区，然后按 Delete 键删除选中的背景 08 09 。

新建图层，为图层填充青色，并将图层移动到"人像抠图"图层的下方 10 11 。

03 人物修整

本小节主要通过"液化"命令将人物的形体进行修整，再通过"修补工具"对人物脸上的乱发进行精细修复。

执行"滤镜 > 液化"命令，在弹出的"液化"对话框中单击"向前变形工具"按钮，放大笔触大小，在画面中修饰人物形体12 13。

盖印图层，单击工具箱中的"修补工具"按钮，在画面中人物脸上的头发处圈选载入选区，将其拖动至其他皮肤处完成瑕疵的修复14 15，然后利用相似的方法修复人物脸部的其他瑕疵16。

04　色调调整

　　本小节主要通过"可选颜色""曲线""色相／饱和度"结合选区对图片中的色调进行调整。

　　添加"可选颜色"，在打开的"属性"面板中设置参数，调整图像的整体颜色17 18 19。

　　单击工具箱中的"钢笔工具"按钮，在选项栏中设置工具的模式为"路径"，在画面中绘制人物衣服上的花纹路径，并按 Ctrl+Enter 组合键将路径转化为选区20。

　　添加"曲线"，在打开的"属性"面板中设置 RGB、红、绿、蓝通道的曲线，调整人物衣服上花纹的颜色21 22 23 24 25。

　　添加"色相／饱和度"，在打开的"属性"面板中设置参数，改变图像的色相／饱和度26 27。

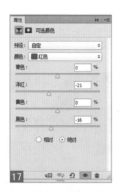
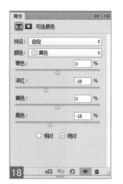

添加"曲线",在打开的"属性"面板中调整 RGB、红、绿、蓝通道的曲线28，然后选中曲线蒙版，按 Ctrl+I 组合键将蒙版反转为反相蒙版，并选择白色柔角画笔在画面中人物的紫色衣服处涂抹，改变人物衣服的颜色29 30。

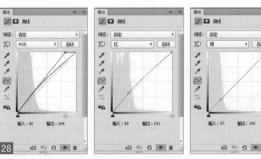
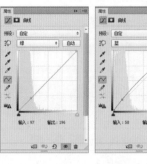

继续添加"曲线"，在打开的"属性"面板中分别调整 RGB、绿、蓝通道的曲线31 32 33，并将曲线蒙版反转为反相蒙版，然后选择白色柔角画笔，放大图像调小笔触大小，在画面中人物的项链上涂抹，调整人物项链的颜色34 35。注意在涂抹时要仔细，不要涂抹到其他地方。

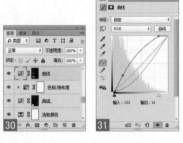

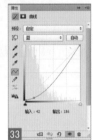

05　人物磨皮

本小节主要通过"锐化"加强图像的对比，再通过高低频磨皮和双曲线磨皮对人物的皮肤进行磨皮。

盖印图层，执行"滤镜＞锐化＞USM 锐化"命令，在弹出的"USM 锐化"对话框中设置参数 36，锐化图像中的细节，效果如图所示 37。

盖印图层，按 Ctrl+I 组合键将图像反相 38，并设置图层的混合模式为"线性光" 39。

执行"滤镜＞其他＞高反差保留"命令，在弹出的"高反差保留"对话框中设置参数，单击"确定"按钮结束 40 41。

执行"滤镜＞模糊＞高斯模糊"命令，在弹出的"高斯模糊"对话框中设置参数，单击"确定"按钮结束 42 43。

添加反相图层蒙版，然后选择白色柔角画笔工具，在画面中人物的皮肤处涂抹，完成高低频修图 44 45。

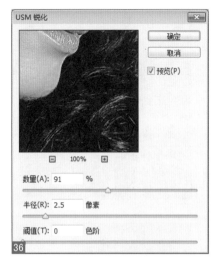

盖印图层，添加"纯色"，在弹出的"拾色器"对话框中设置黑色，然后单击"确定"按钮结束，并设置图层的混合模式为"颜色"。复制图层，设置图层的混合模式为"叠加"、不透明度为20%  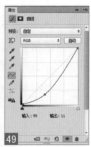。

添加"曲线"，在打开的"属性"面板中调整曲线，这个曲线为提亮的曲线，将曲线图层蒙版反转为反相蒙版。

再次添加"曲线"，在打开的"属性"面板中调整曲线，这个曲线为压暗的曲线，将曲线图层蒙版反转为反相蒙版。

将两个曲线图层移动到颜色填充图层下方。

观察画面中的图像，选择白色柔角画笔，降低不透明度。接着放大图像，观察人物肤色，发现肤色中有暗点，在提亮的曲线图层蒙版中涂抹提亮暗点，对于肤色过亮的部分在压暗的曲线图层蒙版中涂抹，压暗亮部。

关闭两个颜色填充图层前面的眼睛图标，完成双曲线修图，这两个颜色填充图层是为了帮助人们观察图像上的瑕疵，因为人们在观察黑白图时不容易产生视觉疲劳，所以这两个图层只起到辅助作用，不对图像做任何更改。

新建图层，为图层添加中灰色，然后选择黑色柔角画笔，降低不透明度，在人物紫色的衣服上涂抹加重颜色，接着选择白色柔角画笔，在人物衣服上的花纹中心涂抹制作高光效果。

06 继续调整色调

本小节主要通过"修补工具"对人物面部的瑕疵进行修复，再通过"曲线"等对图片色调进行调整。

单击工具箱中的"修补工具" 按钮，在画面中人物脸部的瑕疵部位圈选载入瑕疵部位选区56，并将选区拖曳移动到其他皮肤处，完成修复57。

利用相似的方法修复脸部所有的瑕疵部位58。

单击工具箱中的"套索工具" 按钮，在画面中的人物嘴唇部位绘制，载入人物嘴唇部位选区59。

添加"曲线"，在打开的"属性"面板中调整 RGB、红、绿、蓝通道的曲线，改变人物嘴唇的颜色60 61。

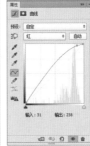

按 Ctrl+Alt+2 组合键载入图像高光选区。

新建图层，设置前景色为黄色（R：255，G：255，B：255），然后按 Alt+Delete 组合键为选区填充黄色，按 Ctrl+D 组合键取消选区。

设置图层的混合模式为"柔光"、不透明度为 31%，完成图像的加色 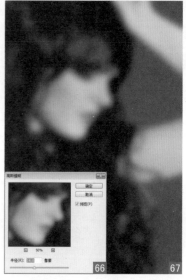。

盖印图层，执行"滤镜＞模糊＞高斯模糊"命令，在弹出的"高斯模糊"对话框中设置参数，单击"确定"按钮结束 。

设置图层的混合模式为"柔光"、不透明度为 58%。然后添加图层蒙版，选择黑色柔角画笔工具在画面中人物的头发上涂抹，掩盖模糊柔光图层对头发的效果68 69。

盖印图层，单击工具箱中的"涂抹工具"按钮，在选项栏中降低强度，调整画笔的笔触大小，在画面中人物的头发上涂抹，修饰人物的头发70。

Chapter
08

电商及网页数码照片处理

电商照片也就是网页中能够使用的照片，往往是体现产品效果的照片，这类照片一定要在保证清晰度的前提下正确地还原色彩，而不是像广告大片那样随意营造漂亮色彩。网页图片的分辨率要求不高，而且限制字节数，由于客户一般都要求响应时间，所以在制作时需要控制修图速度。

8.1 将网页中的图片进行压缩处理

本案例主要讲述如何将图像存储为 Web 格式，以此对图像本身进行合理范围内的压缩。在互联网上对图像的要求往往是既要足够清晰，又要使文件的体积足够小。

难易程度：★☆☆☆☆

原始文件：	Chapter 08/Media/8-1.jpg
最终文件：	Chapter 08/Complete/8-1.jpg
视频文件：	Chapter 08/8-1.avi

案例制作分析

本案例主要是对图片进压缩处理，这些操作都可以在"存储为 Web 所用格式"对话框中实现。

当通过降低图像本身的品质无法减小文件的体积时可以尝试使用存储为网页格式的方式来实现这一目的。通常，切片工具配合存储为 Web 格式的方式可以在确保图像质量的前提下将文件的大小降至需要的范围。

执行"文件＞打开"命令，在弹出的"打开"对话框中选择素材文件，单击"打开"按钮将其打开01。

按 Ctrl+Shift+Alt+S 组合键，在弹出的"存储为 Web 所用格式"对话框中选择图片格式为 JPEG、压缩品质为"低"，这时可以看到在对话框左下角显示的图片大小，单击"存储"按钮完成02 03。

案例效果对比

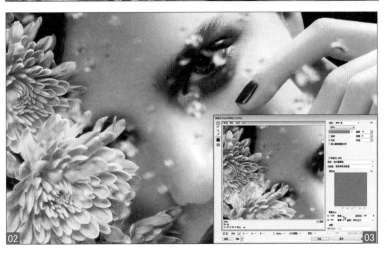

8.2 对网页中的长图进行分割处理

通常情况下,对长图的分割并不能做到一次到位,当使用切片工具没有切割到理想的位置时,我们还可以使用切片选择工具对切割的图像进行拖动调整,以此达到重新调整的目的。

难易程度:★★☆☆☆

原始文件:	Chapter 08/Media/8-2.jpg
最终文件:	Chapter 08/Complete/8-2-1.jpg~8-2-6.jpg
视频文件:	Chapter 08/8-2.avi

案例制作分析

在对网页中的长条图片进行分割处理的时候，使用到的工具为"切片"工具。

在这一案例中着重介绍切片工具的相关用法，它通常用于制作网页，配合存储为 Web 格式的存储方式使用，使得在压缩图像大小的同时也确保了图像的质量。

执行"文件 > 打开"命令，在弹出的"打开"对话框中选择素材文件，单击"打开"按钮将其打开 01 02。

单击工具箱中的"切片工具"按钮选择切片工具，然后单击鼠标左键进行拖动，黄色的线表示的是选中当前的图片。在拖动过程中，切片之间要注意衔接与重叠，不可以有缝隙，因此应该放大图像进行裁切，并且在裁切完之后检查所裁图片的序号，按 Ctrl+Shift+Alt+S 组合键弹出"存储为 Web 所用格式"对话框，对其参数进行设置，其中将优化的文件格式设置为 JPEG、将品质降低为 70 ~ 80，并且选择仅限图像进行保存，在生成的 images 文件夹中排列了分割好的小图片，并且在文件夹中进行了编号存储，如图所示 03 04，至此案例完成。

案例效果对比

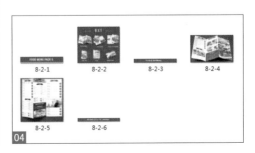

8.3 将照片的划痕进行处理

对于标尺工具，虽然许多读者都听过，但是对其具体的作用以及用法
并不是每一个读者都十分清楚，在这里着重给大家介绍的是标尺工具
在产品修图中所起到的重要作用，尤其通过将标尺工具和动感模糊结
合使用使产品修图变得轻松而高效。

难易程度：★★☆☆☆

原始文件：	Chapter 08/Media/8-3.jpg
最终文件：	Chapter 08/Complete/8-3.psd
视频文件：	Chapter 08/8-3.avi

01 新建图层

本小节新建了一个"动感模糊"图层，主要为后面消除手机划痕打好基础。

本案例中介绍的关于测量角度和动感模糊相结合的方式非常适用于在产品修图中修整瑕疵部分，主要解决了我们既要修出产品本身的质感又要保证产品边缘足够清晰的问题，在操作过程中需要注意测量角度需要精确到整数，这在接下来的动感模糊应用中是十分重要的。

执行"文件＞打开"命令，在弹出的"打开"对话框中选择素材文件，单击"打开"按钮将其打开 01。

复制"背景"图层，将复制的图层名称修改为"动感模糊"，然后使用缩放工具将图像进行放大，我们可以清楚地看到手机侧面的划痕。单击工具箱中的"标尺工具" 按钮，在选项栏中，A 代表测量的角度，在进行测量的时候，我们需要将角度精确到整数，这样便于下一步的操作，现在使用标尺工具在手机的侧面棱角上拉出角度为 11°的直线 02 03 04。

案例效果对比

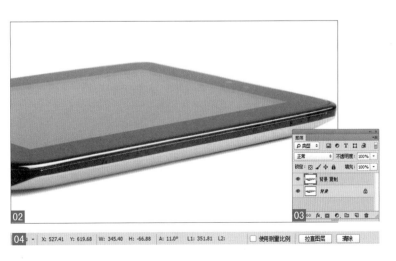

02 调整素材的划痕

本小节主要进行背景素材划痕的调整，使用"动感模糊"命令将手机的划痕进行处理。

执行"滤镜＞模糊＞动感模糊"命令，在弹出的"动感模糊"对话框中输入刚才测量的角度，即 11°，设置距离为 150 像素，单击"确定"按钮，单击"图层"面板下方的"添加图层蒙版"[图标]按钮，为其添加图层蒙版，然后利用黑色画笔将手机不需要模糊的地方进行还原 05 06 07。

单击"图层"面板下方的"创建新的填充或调整图层" ● 按钮，在弹出的下拉菜单中选择"曲线"选项，在打开的"属性"面板中设置曲线参数，将手机进行适当调色 08 09 10。

按 Ctrl+Shift+Alt+E 组合键盖印可见图层，并将盖印图层的名称修改为"锐化"，然后执行"滤镜＞锐化＞USM 锐化"命令，在弹出的"USM 锐化"对话框中设置锐化参数，单击"确定"按钮完成。在"图层"面板中将该图层的不透明度调整为 50%，使手机的轮廓更加清晰，案例完成 11 12 13。

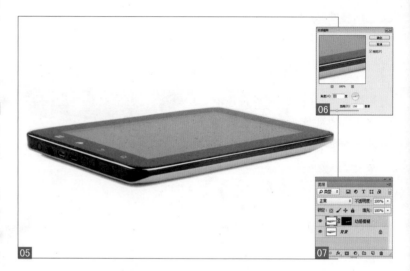

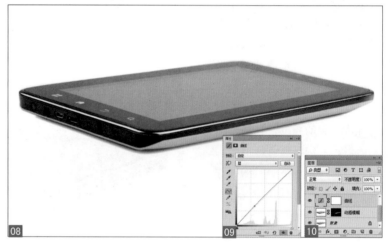

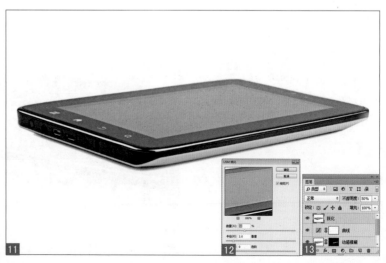

8.4 对图像进行路径勾画

在本案例中主要讲解了怎样在 JPG 格式的图片中存储路径,此处用到了"钢笔工具"绘制路径。

难易程度:★★☆☆☆

原始文件:	Chapter 08/Media/8-4.jpg
最终文件:	Chapter 08/Complete/8-4.jpg
视频文件:	Chapter 08/8-4.avi

01 设置钢笔工具

在本小节中，利用了工具箱中"钢笔工具"，同时需要在选项栏中设置相应参数。

在对一些图片的处理工作中会涉及存储绘制路径，而一般的存储路径的方法会使图片过大，这样不利于远程传输。当必须远程传输带路径的图片时，使用本例介绍的方法非常适合与实用。

本例中主要讲解 JPG 格式带路径的方法，有很多人可能不知道其实 JPG 格式是可以带路径的，而且即使带路径，图片的大小也不会增加多少，这无疑是远程传输大量的带路径图片工作中的"福音"。

执行"文件 > 打开"命令，在弹出的"打开"对话框中选择素材文件，单击"打开"按钮将其打开 01 02。

在工具箱中单击"钢笔工具"按钮，在选项栏中选择工具的模式为"路径"，然后在"图层"面板中单击"路径"按钮，打开"路径"面板 03 04。

案例效果对比

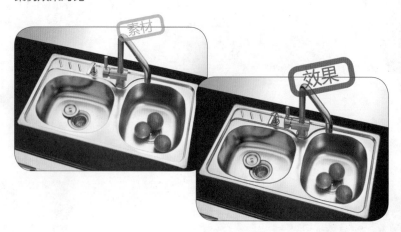

02 绘制路径

本小节主要绘制路径，为图像中的各个物体分层绘制形状路径，分别保存到通道中。

单击"路径"面板下方的"创建新路径"按钮新建路径图层，在画面中绘制水池外轮廓路径 05 06。为了使大家看得更清楚，路径都使用红色线标记出来。

再次单击"路径"面板下方的"创建新路径"按钮新建路径图层，在画面中绘制水池内轮廓路径 07 08。

利用相似的方法分别绘制其他路径 09 10 11，绘制完成后按 Ctrl+S 组合键存储图片 12，这张图片已经保存了刚才所绘制的路径。

Design Tips ｜ 新建路径

在本例中需要特别注意的一点是在每次重新绘制新的路径前都要新建路径图层，使每个单独的闭合路径都有独立的图层，这么做的原因不仅仅是因为看起来简洁明了、一目了然，更重要的是可以分别对路径进行编辑与精细调整。

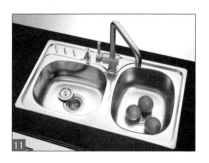

¥30 满600可用 优惠券

¥80 满1000 优惠

真皮

¥2486 ¥6414   立即抢购

立即抢购

虞美龙井x2 240g ¥150.0 ¥66.9 立即抢购

冬日暖阳

超轻 保暖 防寒 防水 防风

保暖   耐磨   超轻   挡风   防水透气 抗静电

吊牌价:1599元 新品抢购价:900

8.5 给图片添加文字

应用文字工具可以在图像中加入所需的内容,同时还可以通过改变字体的大小、颜色以及字间距等使设计排版更加灵活。

难易程度:★★☆☆☆

原始文件:	Chapter 08/Media/8-5-1.jpg~8-5-4.jpg
最终文件:	Chapter 08/Complete/8-5-1.psd~8-5-4.psd
视频文件:	Chapter 08/8-5.avi

01　添加文字

本小节使用了"文字工具"在页面上输入文字，并在"字符"
面板中设置文字参数。

在电商时代，宣传海报的制
作是十分常见的，例如促销活动
中一件产品的原价是 20 元，促
销价是 160 元。一般情况下需要
将原价设计得较小，而促销价为
了看起来更加醒目，在排版设计
的时候会放的较大。除此之外，
在原价 200 上面还会打上斜线表
示取消，针对这个设计，多数修
图师会选择手动绘制一条直线，
再移动到文字的上面，这种方法
虽然可行却并不便捷。在这里给
大家介绍一个小技巧：双击文字
本身，在窗口中打开"字符"面板，
选择文字排版的样式。文字排版
的样式在"字符"面板中均有体
现，对于文字的排版非常方便。

执行"文件 > 打开"命令，
在弹出的"打开"对话框中选择
素材文件，单击"打开"按钮将
其打开 01 02 。

单击工具箱中的"文字工
具" T.按钮，在"字符"面板中
选择删除线，并设置文字的字体、
字号、颜色等参数，在页面上输
入文字，然后使用同样的方法输
入其他文字 03 04 。

案例效果对比

02 添加文字

本小节主要进行文字的添加与文字样式的设置，包括调整文字的"字号""颜色""字体""间距"等参数。

执行"文件＞打开"命令，在弹出的"打开"对话框中选择素材文件，单击"打开"按钮将其打开。单击工具箱中的"文字工具" T.按钮，在"字符"面板中设置文字的字体、字号、颜色等参数，在页面上输入文字，然后将"¥"选择，在"字符"面板中单击"上标"按钮，使其移到文字的左上角，接着使用同样的方法输入其他文字05 06。

执行"文件＞打开"命令，在弹出的"打开"对话框中选择素材文件，单击"打开"按钮将其打开。单击工具箱中的"文字工具" T.按钮，在"字符"面板中设置文字的字体、字号、颜色等参数，在页面上输入文字，然后将"9"选择，在"字符"面板中单击"下标"按钮，使其移到文字的右下角，接着使用同样的方法输入其他文字07 08。

执行"文件＞打开"命令，在弹出的"打开"对话框中选择素材文件，单击"打开"按钮将其打开。单击工具箱中的"文字工具" T.按钮，在"字符"面板中选择"仿斜体"，并设置文字的字体、字号、颜色等参数，在页面上输入文字，接着使用同样的方法输入其他文字，案例完成09 10。

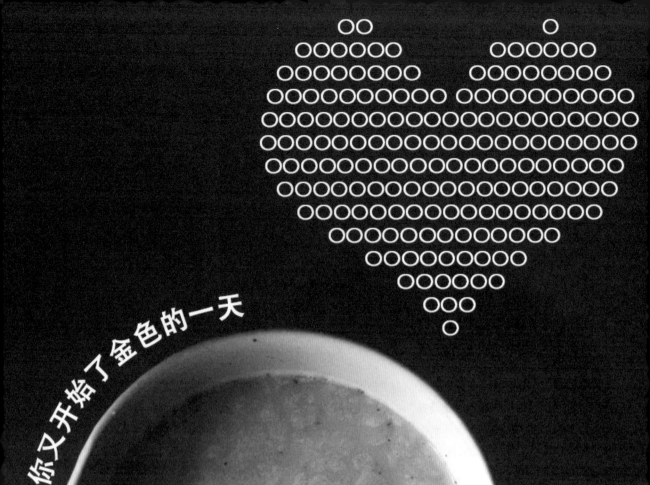

你又开始了金色的一天

8.6　在图像中制作弧形文字

在本案例中着重讲解了文字环绕路径的相关用法，通过文字环绕路径的具体操作使读者对这一排版方式有所了解，从而在以后的工作中除了图像本身的修调之外还可以进行简单的设计排版。

难易程度：★★☆☆☆

原始文件：	Chapter 08/Media/8-6.jpg
最终文件：	Chapter 08/Complete/8-6.psd
视频文件：	Chapter 08/8-6.avi

制作路径文字

本小节使用了"自定义"形状中的"爱心形状"和"文字工具"制作了路径文字。

在本案例中着重讲解了文字环绕路径的相关用法，通过文字环绕路径的具体操作使读者对这一排版方式有所了解，从而在以后的工作中除了图像本身的修调之外还可以进行简单的设计排版。

执行"文件 > 打开"命令，在弹出的"打开"对话框中选择素材文件，单击"打开"按钮将其打开 01 。

单击工具箱中的"自定形状工具" 按钮，在选项栏中设置工具模式为"路径"，选择形状为爱心形状，在页面上绘制爱心路径 02 03 。

单击工具箱中的"文字工具" T.按钮，在"字符"面板中设置文字的字体、字号、颜色等参数，将鼠标指针放到刚才绘制好的路径中单击，创建一个文本框，然后在该文本框中输入文字，接着使用同样的方法制作其他文字等，案例完成 04 05 。

案例效果对比

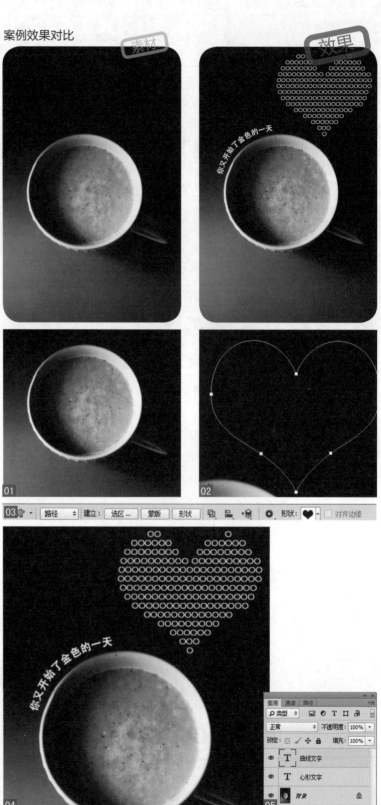

8.7 对两张图片叠加处理

有过摄影经历的读者或许遇到过这样的情况，在一个静物拍摄的若干照片中最终挑选出了两张比较理想的照片，遗憾的是这两张照片的焦距却是不同的。如果能将两张图像进行融合，那么出来的效果会是非常完美的，但是其工作量不小。两张照片的融合尚且如此，几十张甚至几百张片子需要处理的时候我们又该怎么做呢？下面将要介绍的将文件载入堆栈这一方法可以轻松地解决上述问题。

难易程度：★★☆☆☆

原始文件：	Chapter 08/Media/8-7-1.jpg、8-7-2.jpg
最终文件：	Chapter 08/Complete/8-7.psd
视频文件：	Chapter 08/8-7.avi

自动对焦

本小节在"自动混合图层"对话框中设置了相应参数，从而将两张不同焦距的手链照片进行了自动对焦处理。

本案例通过将文件载入堆栈的方式将两张不同焦距的手链照片进行图像自动对焦的处理，使图像的前景与背景同样清晰。

执行"文件＞脚本＞将文件载入堆栈"命令，在弹出的"载入图层"对话框中单击"浏览"按钮，选择需要执行载入堆栈的文件，单击"确定"按钮01 02。

在"图层"面板中同时选中"前实后虚"图层和"后实前虚"图层，执行"编辑＞自动混合图层"命令，在弹出的"自动混合图层"对话框中选择"堆叠图像"复选框和"无缝色调和颜色"复选框，单击"确定"按钮将所选图层进行混合处理，最终得到前景部分和背景部分均清晰的图像，最后将图像进行简单的修调，效果如图所示03 04 05。

案例效果对比

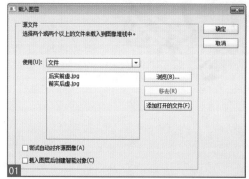

8.8 制作背景

定义图案也是一个非常实用的 Photoshop 技法，主要通过"编辑＞定义图案"命令来实现，下面看一下常见的定义图案的应用。

原始文件：	Chapter 08/Media/8-8.jpg
最终文件：	Chapter 08/Complete/8-8.psd
视频文件：	Chapter 08/8-8.avi

难易程度：★★☆☆☆

01 制作纯色背景

本小节新建了一个"纯色背景"图片，之后为其填充了绿色作为背景。

手绘是现今十分流行的一种风格，如果将手绘的样式变成背景图案并灵活地应用于各种广告、画册以及电商宣传中则是不错的。在本案例中通过手绘结合定义图案制作出可爱的以餐具为主题的背景图案，再搭配以褐色背景使整体画面显得个性十足。

执行"文件＞新建"命令，在弹出的"新建"对话框中设置参数，然后单击"确定"按钮 01 02。

新建"纯色背景"图层，设置前景色为绿色（R：172，G：210，B：113），然后按 Alt+Delete 组合键填充颜色，效果如图所示 03 04。

案例效果

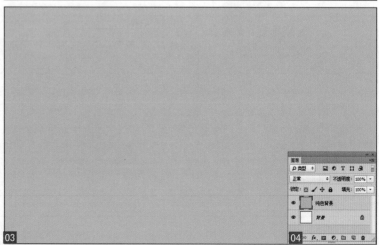

02　制作背景

本小节主要使用"钢笔工具"绘制图形，然后执行"定义图案"
命令将图案进行定义，最后制作背景。

执行"文件＞打开"命令，
在弹出的"打开"对话框中选择
"圆点.png"素材和"花朵.png"
素材，将其打开拖入到场景中，
效果如图所示05 06。

执行"图层＞新建＞图层"
命令，在弹出的对话框中将新建
的图层命名为"水壶"。单击工
具箱中的"钢笔工具"按钮，绘
制出水壶形状的闭合路径，并按
Ctrl+Enter 组合键将路径转换为
选区。执行"编辑＞描边"命令，
在弹出的"描边"对话框中对其
参数进行设置，然后单击"确定"
按钮，并按 Ctrl+D 组合键取消
选区，效果如图所示07 08。

使用同样的方法制作其他图
案，制作完成后执行"编辑＞定
义图案"命令，在弹出的"定义
图案"对话框中将图案名称改为
"餐具"，单击"确定"按钮。
新建一个空白文档，执行"编辑
＞填充"命令，在弹出的"填充"
对话框中设置参数，单击"确定"
按钮，最终效果如图所示09。

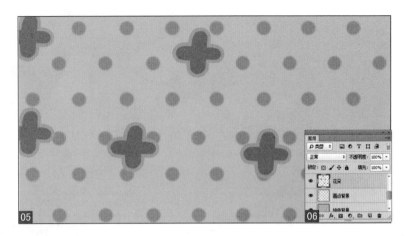

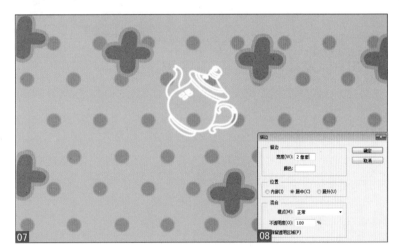

8.9 美食修图

在美食修图的过程中，我们应当将图像调整的侧重点放在对色调的调整上，着重突出食物色、香、味俱全的特征。

难易程度：★★★☆☆

原始文件：	Chapter 08/Media/8-9.jpg
最终文件：	Chapter 08/Complete/8-9.psd
视频文件：	Chapter 08/8-9.avi

01 添加调整图层

本小节通过添加"曲线"调整图层调节画面中绿色蔬菜的颜色，并添加蒙版擦除出绿色蔬菜之外的其他地方的颜色。

在美食修图中需要注意体现出食物本身的质感，在此过程中可以通过调整亮度以及色彩来体现食物的色泽。

执行"文件 > 打开"命令，在弹出的"打开"对话框中选择素材文件，单击"打开"按钮将其打开01。

复制"背景"图层，单击"图层"面板下方的"创建新的填充或调整图层"按钮，在弹出的下拉菜单中选择"曲线"选项，在打开的"属性"面板中设置曲线参数，然后选择曲线蒙版，按 Ctrl+I 组合键进行反相，再利用白色柔角画笔在绿色蔬菜上涂抹02 03。

案例效果对比

02 对素材进行调色

本小节主要进行素材的色调调整，添加"曲线""色相／饱和度"图层将食物的颜色进行调整，再执行"锐化"命令使食物更加清晰。

继续添加"曲线"图层，设置曲线参数，然后选择曲线蒙版，按 Ctrl+I 组合键反相，再利用白色柔角画笔在红色的辣椒上涂抹，使其颜色更加鲜明 04 05 06。

使用同样的方法添加"曲线"图层，分别将其他图像进行调色，效果如图所示 07 08。

继续添加一个"曲线"图层，设置参数，将图像整体进行调色 09 10 11。

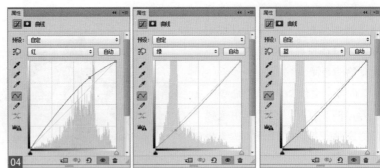

添加"色相／饱和度"图层，设置参数，将图像整体进行调色 12 13 14 。

按 Ctrl+Shift+Alt+E 组合键盖印可见图层，将盖印图层的名称修改为"锐化"，然后执行"滤镜＞锐化＞USM 锐化"命令，再弹出的"USM 锐化"对话框中设置锐化参数，使图像的轮廓更加清晰，并在"图层"面板中设置该图层的不透明度为 67% 15 16 17 。

执行"图层＞新建＞图层"命令，在弹出的对话框中设置模式为"柔光"，并选择"填充柔光中性色"复选框，单击"确定"按钮完成。将该图层的名称修改为"中灰"，设置前景色为白色，然后单击工具箱中的"画笔工具"按钮，在选项栏中设置不透明度为 30%，在食物和盘子的亮部区域进行涂抹，使亮部区域变亮，再将前景色设置为黑色，使用同样的方法将暗部区域压暗，使轮廓更加具有立体感 18 19 。

8.10 首饰修图

在首饰修图中我们应该着重体现首饰应有的光泽度以及精致程度, 因此在操作过程中应注意对瑕疵的修整、光影的调节以及细节部分层次感的体现。

难易程度: ★★★☆☆

原始文件:	Chapter 08/Media/8-10.jpg
最终文件:	Chapter 08/Complete/8-10.psd
视频文件:	Chapter 08/8-10.avi

01　勾画路径

本小节使用"钢笔工具"勾画出戒指不同区域的路径，并在"路径"面板中进行命名。

在产品修图中首饰的修整是十分常见的，尤其对电商而言是必不可少的一个环节，在本案例中着重讲解首饰修图的相关技巧以及注意事项。其中主要用到了路径、色阶、曲线等一系列方法，最终将拍摄出的普通首饰原图修整成可供淘宝店铺使用的标准电商照片。

执行"文件＞打开"命令，在弹出的"打开"对话框中选择素材文件，单击"打开"按钮将其打开01。

复制"背景"图层，将复制的图层名称修改为"光影重塑"，然后单击工具箱中的"钢笔工具" 按钮，分别对饰品的不同区域勾出路径02　03　04。

案例效果对比

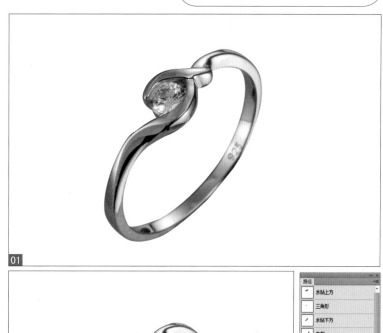

02 对钻戒的光影进行修整

　　首先为戒指的各个区域绘制路径，然后利用画笔工具将戒指的
光影进行重修，再导入水钻素材。

　　在"路径"面板中按住 Ctrl
键选择"水钻下方"路径，按
Ctrl+Shift+I 组合键进行反选，
调出选区，使用吸管工具对选区
周边的颜色去色，再选择工具箱
中的画笔工具，在选项栏中设置
不透明度为 8% 到 10% 之间的一
个数值，在选区内进行适当涂抹，
将饰物的光影进行修整，然后使
用同样的方法修整其他区域的光
影 05 06 07 08 。

　　新建一个"纯色"图层，单
击工具箱中的"钢笔工具" ⌀ 按
钮，设置工具模式为"路径"，
沿着饰品上的水钻部分绘制封闭
路径。然后按 Ctrl+Enter 组合键
将路径转换为选区，为其填充白
色，再按 Ctrl+D 组合键取消选
区 09 10 。

　　执行"文件＞打开"命令，
在弹出的"打开"对话框中选择
"水钻 .png"素材，将其打开拖
入到场景中，放置到合适的位置，
然后选择"水钻"图层，执行"图
层＞创建剪贴蒙版"命令，为其
创建剪贴蒙版 11 12 。

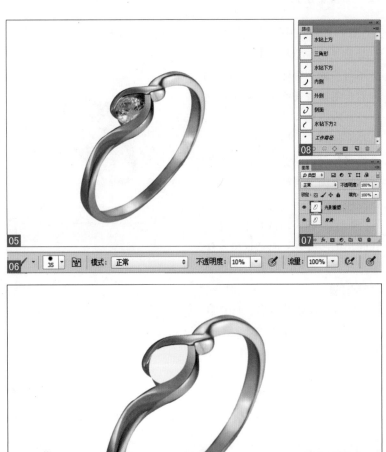

03　对钻戒的明暗进行调整

添加"色阶""中灰""曲线"图层对钻戒的明暗进行调整，使钻戒看起来更加立体，最后添加倒影。

单击"图层"面板下方的"创建新的填充或调整图层" 按钮，在弹出的下拉菜单中选择"色阶"选项，在打开的"属性"面板中设置参数 13 14 15。

执行"图层＞新建＞图层"命令，在弹出的对话框中设置模式为"柔光"，并选择"填充柔光中性色"复选框，单击"确定"按钮完成。将该图层的名称修改为"中灰"，设置前景色为白色，单击工具箱中的"画笔工具" 按钮，在选项栏中设置不透明度为 30%，在钻戒的亮部区域进行涂抹，使亮部区域变亮。再将前景色设为黑色使用同样的方法将暗部区域压暗，使轮廓更加具有立体感 16 17。

盖印可见图层，将盖印的图层名称修改为"液化"，然后执行"滤镜＞液化"命令，在弹出的"液化"对话框中对饰品的形体进行修整，修整后单击"确定"按钮完成 18 19。

添加"曲线"图层，设置曲线参数，将图像整体进行提亮[20][21][22]。

新建一个"倒影"图层，单击工具箱中的"椭圆选框工具"按钮，在页面上绘制椭圆选区，然后按 Shift+F6 组合键，在弹出的"羽化选区"对话框中设置羽化参数为 35 像素，按住 Alt 键为其添加反相蒙版，利用白色柔角画笔将部分效果显示[23][24]。

选择"倒影"图层，在"图层"面板中设置该图层的不透明度为 53%，最后盖印可见图层，案例完成[25][26]。

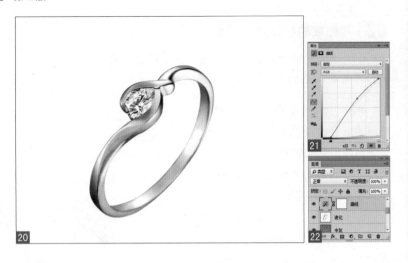

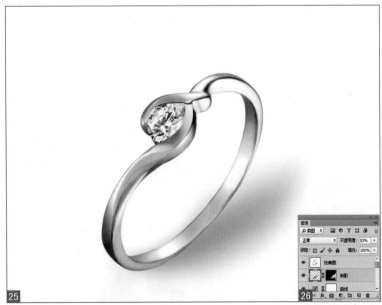

8.11 玉器质感修图

在图像修调中产品修图占有非常重要的地位,其应用十分广泛。例如电商的修图、杂志广告类的修图等。因此掌握产品修图的相关知识是十分必要的。

难易程度:★★★☆☆

原始文件:	Chapter 08/Media/8-11.jpg
最终文件:	Chapter 08/Complete/8-11.psd
视频文件:	Chapter 08/8-11.avi

01 抠图换背景

本小节主要使用了"钢笔工具"对玉器进行了抠图处理，并为其添加了黑色背景。

我们需要清楚的一点是在画面中所有素材的出现只有一个目的，就是服务于画面的主体。通过一系列的修调使得图像在主题突出的前提下又不失去其应有的细节，这样才能称之为一幅好的作品。本节案例将使用"曲线"、"色阶"等命令对图像的色调进行调整，使主体更加突出。

执行"文件 > 打开"命令，在弹出的"打开"对话框中选择素材文件，单击"打开"按钮将其打开01。

新建一个"纯色背景"图层，为其填充黑色，然后使用钢笔工具对产品进行抠图02 03。

案例效果对比

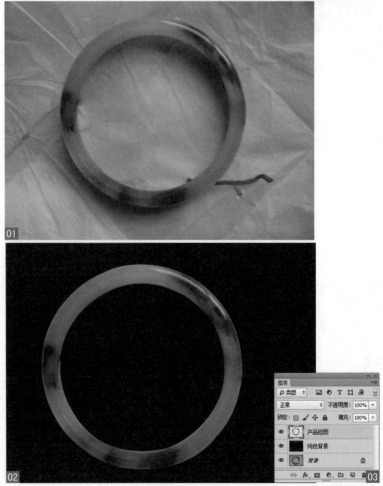

02　调整饰物色调

先将手镯的形体进行修整，再添加"色阶""渐变映射""曲线"等图层，调整手镯的色调，最后制作阴影效果。

复制"产品抠图"图层，将复制的图层名称修改为"液化"，然后执行"滤镜＞液化"命令，在弹出的"液化"对话框中将手镯的形体进行修整，使其更加圆滑 04 05。

单击"图层"面板下方的"创建新的填充或调整图层"按钮，在弹出的下拉菜单中选择"曲线"选项，在打开的"属性"面板中设置曲线参数，将手镯的亮度提亮 06 07。

添加"色阶"图层，设置色阶参数，将手镯的对比度进行调整 08 09。

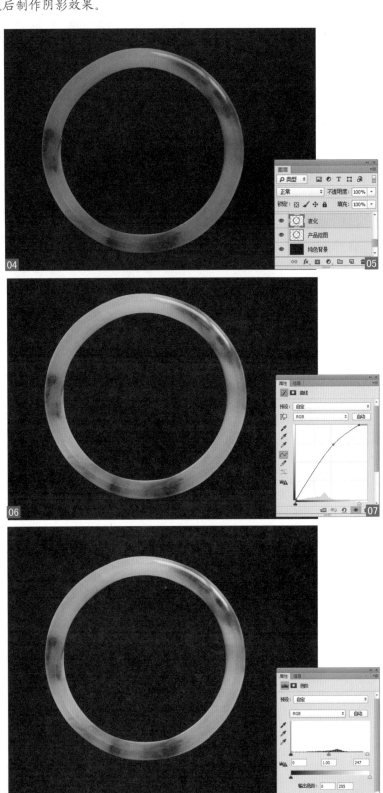

继续添加"渐变映射"图层，设置渐变映射参数，并在"图层"面板中设置该图层的混合模式为"柔光"、不透明度为49% 10 11 12。

新建一个"反光"图层，单击工具箱中的"矩形选框工具"按钮，在页面的下方绘制矩形选框，然后按 Shift+F6 组合键，在弹出的对话框中设置羽化参数为 100，为其填充浅灰色（R：165，G：165，B：165），并在"图层"面板中设置该图层的不透明度为 25% 13 14 15。

将所有含背景底色的图层隐藏，按 Ctrl+Shift+Alt+E 组合键盖印可见图层，然后将隐藏的图层显示。新建一个"曲线"图层，设置曲线参数，然后选择曲线蒙版，利用黑色柔角画笔在页面上进行适当涂抹，将部分曲线效果进行隐藏，并在"图层"面板中设置该图层的不透明度为 59% 16 17 18。

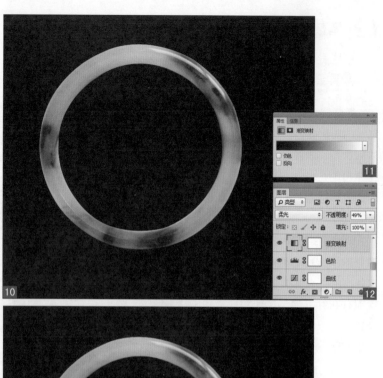

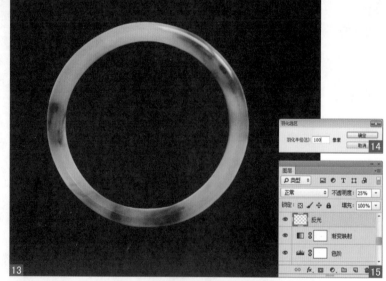

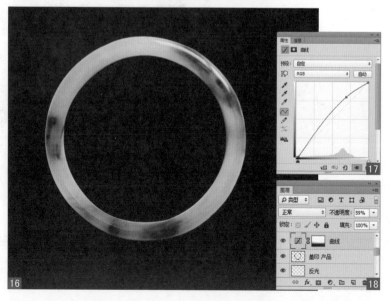

继续添加"曲线"图层，设置曲线参数，然后选择曲线蒙版，利用黑色柔角画笔在手镯上进行涂抹，将部分效果隐藏，并在"图层"面板中设置该图层的不透明度为79% **19** **20** **21**。

继续添加"曲线"图层，设置曲线参数，然后选择曲线蒙版，按 Ctrl+I 组合键反相，使用白色柔角画笔对手镯的深绿色部分进行涂抹，并将曲线效果显示**22** **23** **24**。

将所有含背景底色的图层隐藏，按 Ctrl+Shift+Alt+E 组合键盖印可见图层，再将隐藏的图层显示。将盖印的图层名称修改为"阴影"，按 Ctrl+T 组合键进行变形，按 Ctrl+Enter 组合键完成变形，然后执行"滤镜＞模糊＞高斯模糊"命令，在弹出的"高斯模糊"对话框中设置参数，将其模糊，单击"确定"按钮完成，并在"图层"面板中将其不透明度调整为32%，案例完成**25** **26** **27**。

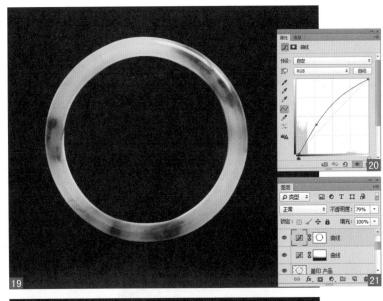

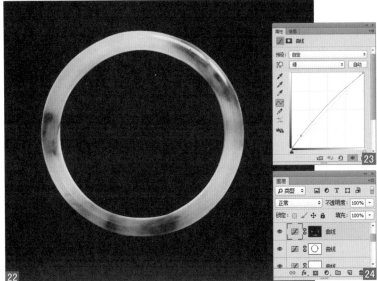

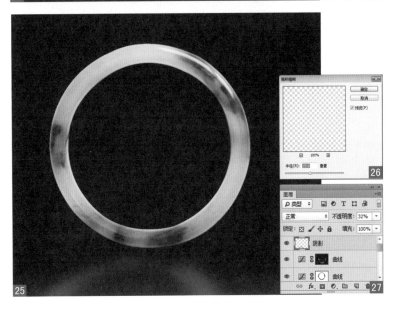

SEVEN
DAY

8.12 皮鞋修图

在电子服饰产品的修图中,我们需要注意的是对图像本身瑕疵的修整一定要极其细致,且不能随意破坏产品本身的质感,在修调过程中要注意方法的灵活应用。

难易程度:★★★☆☆

原始文件:	Chapter 08/Media/8-12.jpg
最终文件:	Chapter 08/Complete/8-12.psd
视频文件:	Chapter 08/8-12.avi

01　抠图处理

本小节使用"钢笔工具"对皮鞋进行抠图，方便后面的后续制作。

在产品修图中需要对其细节部分进行耐心处理，毕竟只有当一个产品做得非常精致的时候才会对消费者有足够的吸引力，同样的道理，产品宣传照片的精调也是出于此目的。在修调过程中还要把握一个重要的原则，就是不可改变产品本身的原貌，例如产品本身的形状以及颜色等。

执行"文件＞打开"命令，在弹出的"打开"对话框中选择素材文件，单击"打开"按钮将其打开 01。

单击工具箱中的"钢笔工具" ✐. 按钮，将鞋子进行抠图 02 03。

案例效果对比

02 调整鞋子的质感

先将鞋子上的瑕疵进行修整，然后进行适当磨皮，使鞋子的皮质看起来更加柔软，最后添加"高低频"图层，使鞋子更具有立体感。

新建一个"纯色背景"图层，为其填充白色，然后将"产品抠图"图层进行复制，将其名称修改为"瑕疵修整"，并单击工具箱中的"修补工具" 按钮对鞋子进行修整04 05。

复制"瑕疵修整"图层，将复制的图层名称修改为"轻微磨皮"，然后执行"滤镜>Imagenomic>Portraiture"命令，在弹出的对话框中设置"Threshold"参数，将鞋子适当的磨皮06 07。

复制"轻微磨皮"图层，将复制的图层名称修改为"高低频"，按 Ctrl+I 组合键进行反相，并将图层的混合模式修改为"线性光"，执行"滤镜>其他>高反差保留"命令，设置参数，然后执行"滤镜>模糊>高斯模糊"命令，设置参数。为图层添加一个反相蒙版，设置前景色为白色，使用画笔工具在鞋子外部进行涂抹，使其看起来更加具有质感，并在"图层"面板中设置该图层的不透明度为83%08 09 10。

03 对鞋子的局部色调进行调整

添加"曲线"图层，将鞋子的明暗进行调整，然后添加"中灰"图层，最后添加"曲线"、"渐变映射"图层，调整鞋子的局部色调并制作背景。

盖印可见图层，将盖印的图层名称修改为"液化"，然后执行"滤镜＞液化"命令，将鞋子的形体进行修整，接着添加一个"曲线"图层，调整鞋子的明暗度11 12。

执行"图层＞新建＞图层"命令，在弹出的对话框中设置模式为"柔光"，并选择"填充柔光中性色"复选框，单击"确定"按钮完成，将该图层名称修改为"中灰"。设置前景色为白色，单击工具箱中的"画笔工具"按钮，在选项栏中设置不透明度为30%，在鞋子的亮部区域进行涂抹，使亮部区域变亮，再将前景色设为黑色，使用同样的方法将暗部区域压暗，使轮廓更加具有立体感13 14。

盖印可见图层，将盖印的图层名称修改为"瑕疵修整"，然后使用修补工具将鞋子的细节进行修补，再创建一个"曲线"图层。选择曲线蒙版，按Ctrl+I组合键进行反相，并利用白色柔角画笔在鞋子的饰物上进行涂抹，为其应用曲线效果15 16 17。

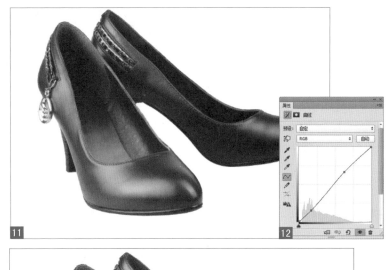

添加一个"渐变映射"图层，设置参数，然后选择渐变映射蒙版，利用黑色柔角画笔在鞋子上进行涂抹，将部分效果进行隐藏，并在"图层"面板中设置该图层的混合模式为"柔光"、不透明度为 62% 18 19。

盖印可见图层，将盖印的图层名称修改为"构图"，然后单击工具箱中的"套索工具"按钮，将鞋子圈出。按 Ctrl+T 组合键进行变换，按 Ctrl+Enter 组合键完成变换，按 Ctrl+Shift+I 组合键反向选区，然后填充白色即可 20 21。

单击工具箱中的"文字工具" T. 按钮，在"字符"面板中设置文字的"字体""字号""颜色"等参数，在页面上输入文字，再使用矩形选框工具绘制边线，案例完成 22 23。